ドラえもんの学習シリーズ
ドラえもんの 理科おもしろ攻略
物質（空気・水・水よう液）がわかる

【キャラクター原作】
藤子・F・不二雄
【監修】**浜学園**

みなさんへ—この本のねらい

物質の真実がわかる「化学」を楽しもう！

理科は、物理・化学・生物・地学の4つの分野に分かれます。どの分野が苦手？　と、浜学園で勉強しているみなさんに聞くと、「物理と化学の分野が苦手…」と答える人が多いです。特に化学は、頭の中で物質のイメージがしにくいといいます。

確かに、空気が生きるために必要だとわかっても、その中にどんな気体がふくまれていて、それらの気体にどんな特ちょうがあるかは、なかなか想像しにくいと思います。だって目に見えないものですから。しかし、たくさんの実験結果を考察することによって、その物質がどんなものなのか、つまり、その物質の真実を知ることができます。

浜学園

創立から60年余り、関西圏を中心に難関中学への圧倒的な合格実績をもつ「進学教室浜学園」を運営。さらに、幼児教室の「はまキッズ」や個別指導の「Hamax」、自学・自習プログラム「はま道場」なども運営している。生徒ひとりひとりの能力を最大限にのばすことを主眼に置いた、わかりやすい授業に定評がある。

2

科学者はそうやってたくさんの物質の真実を発見してきました。

浜学園の授業では、科学者が発見した物質の真実を、生徒のみなさんにできるかぎりわかりやすく伝えます。みな、興味を持って話を聞き、おどろき、そして感動します。そう！　化学って、日びの現象や身の回りの物質の真実がわかる、すごく楽しい学問なのです。それに気づいてほしい！

この本のねらいはまさにこれです。先生たちのかわりに、ドラえもんが、読者のみなさんに物質の真実を教えてくれます——たくさんのすごい道具を使いながら、楽しくイメージしやすいように。

この本を読み終えて、物質がわかると、きっと周りの世界がちがって見えますよ。お楽しみに。

浜学園

もくじ

みなさんへ――この本のねらい……2

◎この本では小学生だけで行うには危険な実験もしようかいしています。実験する場合は大人に必ず立ち会ってもらい、安全に十分注意してください。

第1章 ものの性質と温度……7

- 氷と水と水蒸気……8
- 空気・水・金属の体積変化……20
- 熱の伝わりかた……32

第2章 もののとけかた……47

- 水よう液とこさ……48

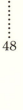

- 水よう液とよう解度............58
- 〈ひと口メモ〉よう解度の計算............74

第3章 ものの燃えかた............77

- ものの燃焼............78
- 〈ひと口メモ〉木の蒸し焼きと燃える気体............90
- 金属の燃焼とさび............92

第4章 気体の性質............105

- 酸素とその性質............106
- 二酸化炭素とその性質............120

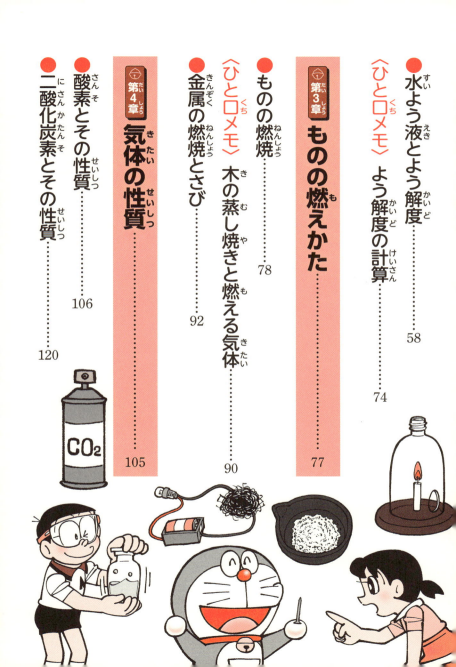

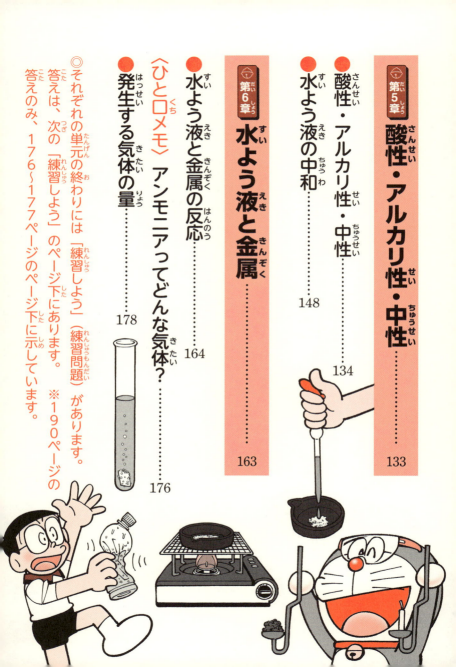

第5章 酸性・アルカリ性・中性 …133

- 酸性・アルカリ性・中性
- 水よう液の中和 …148

第6章 水よう液と金属 …163

- 水よう液と金属の反応 …164
- 〈ひと口メモ〉アンモニアってどんな気体？ …176
- 発生する気体の量 …178

◎それぞれの単元の終わりには「練習しよう」（練習問題）があります。答えは、次の「練習しよう」のページ下にあります。※190ページの答えのみ、176〜177ページのページ下に示しています。

もの の 性質と温度

そうか、「スプーン」だ!

のび太くんは木のスプーンだったよね!?

そういえば、ジャイアンは金属のスプーンだった…。

でもそれが何?

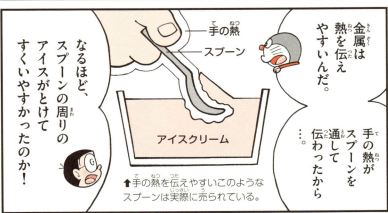

金属は熱を伝えやすいんだ。

手の熱がスプーンを通して伝わったから…。

なるほど、スプーンの周りのアイスがとけてすくいやすかったのか!

手の熱 / スプーン / アイスクリーム

↑手の熱を伝えやすいこのようなスプーンは実際に売られている。

思い出したぞ…競争の前にスプーンを配っていたのはスネ夫だった!

ジャイアンとスネ夫は手を組んでいたようだね。

ところで「熱が伝わる」ってどういうこと?

よし。「熱」について基本的なことを知っておこうか。

●熱と温度

熱とは、物体の温度を変化させるエネルギー。ある物体に熱を加えればその温度は上がり、熱をうばえばその温度は下がる。
温度は物体のあたたかさ、冷たさの度合いを表す。水がこおる温度を0℃、ふっとうする温度を100℃としている。

熱は、「温度の高いものから低いものに移る」性質があるんだ。

そうか！スプーンを持つ手の熱はこうやってアイスに伝わったのか。

●熱は移動する

例えば手で氷にふれると冷たく感じるのは、手（＝温度が高い）から氷（＝温度が低い）へと熱が移動したから。このとき手の温度は熱が出ていった分だけ下がり、反対に氷は手からの熱を受け取った分だけ温度が上がってとける。
前のページでアイスクリームがとけたのは、下に示すように熱が移動して、アイスクリームの温度が上がったことによる。

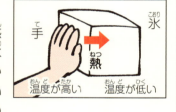

↑手の熱がスプーンに移動してスプーンの温度が上がり、そのスプーンの熱がさらにアイスクリームに移動した。これによってアイスクリームの温度が上がってとけた。

①伝導——熱が温度の高いほうから低いほうへ順に伝わっていくことをいう。

〈実験〉同じ太さの鉄、アルミニウム、銅の棒それぞれに、5cmおきにろうでマッチのじくを固定し、下の図のようにして熱した。それぞれのマッチのじくが落ちるまでの時間を記録したところ、下の表のような結果になった。

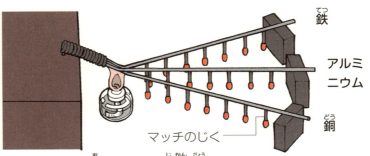

マッチのじくが落ちるまでの時間(秒)

熱しているところからのきょり(cm)	5	10	15	20	25	30	35
鉄	3	6	9	12	15	18	21
アルミニウム	2.5	5	7.5	10	12.5	15	17.5
銅	2	4	6	8	10	12	14

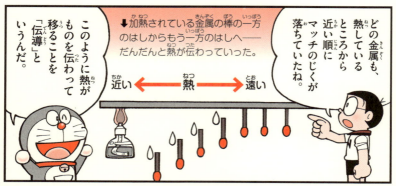

どの金属も、熱しているところから近い順にマッチのじくが落ちていたね。

↓加熱されている金属の棒の一方のはしからもう一方のはしへ――だんだんと熱が伝わっていった。

近い ← 熱 → 遠い

このように熱が伝わってものを伝える「伝導」というんだ。

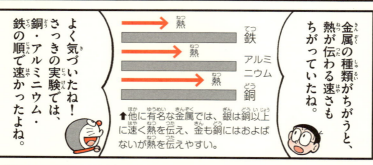

金属の種類がちがうと、熱が伝わる速さもちがっていたね。

鉄
アルミニウム
銅

↑他に有名な金属では、銀は銅以上に速く熱を伝え、金も銅にはおよばないが熱を伝えやすい。

よく気づいたね！さっきの実験では、銅・アルミニウム・鉄の順で速かったよね。

ちなみに熱は金属だけではなく、木やプラスチックだって伝導するよ。

え！？でも木のスプーンはアイスをすくいにくかったよ？

木は熱をまったく伝えないわけじゃなくて、伝えるのがおそいだけ。

だからフライパンの持ち手には木やプラスチックが使われているんだ。

木の持ち手

そっか、熱の伝導がおそいことも役に立つんだね。

12

②対流──あたためられた液体や気体が移動しながら全体に熱が伝わることをいう。

おがくず

〈実験〉ビーカーに水とおがくずを入れて、左の図のようにビーカーの底を熱する。すると矢印で示すように、おがくずは熱しているところでは上に動き、そのあとに新しいおがくずがやってきて、また上に動く。全体として、上下にぐるぐると回るような動きを見せる。

おがくずの動きは水の動きを示している。熱せられた水は上に動き、そのあとに周りから冷たい水が入りこみ、また熱せられて上に動くということがくりかえされて、全体に熱が伝わってあたたまる。これを対流という。対流は水のような液体だけではなく、空気のような気体でも起きる。

下のほうはまだ水だった！

↑ふろも対流によってあたたまる。最初は上が熱く、下がぬるい。

「伝導」は金属など固体の中を熱が移動するんだけど、

「対流」はあたたまった液体や気体そのものが動くんだよね。

次は「対流」の実験だね。

さっきの実験は液体の対流だったけど、気体の対流も身近で経験しているはずだよ。

エアコンからの空気の動きも対流だったのか！

冷たい空気 → 下に落ちる
あたたかい空気 → 上に向かう
エアコン

↑上に動くあたたかい空気は下向きに、下に動く冷たい空気は水平に出す。エアコンは対流を利用して部屋全体をあたためたり、冷やしたりする。

で、最後の「放射」ってどんなの？

空を見てごらん。

セミが熱を出すの？

熱じゃなくておしっこ出してるけど。

③放射──日光などがものに当たって、熱となってそのものをあたためることをいう。

←ストーブやたき火も放射で熱を伝える。

熱が空気などを通りすぎて、直接当たったものをあたためる伝わりかたなんだ。

へえ、ストーブも放射で熱を伝えているんだね。

ちがーう！太陽からの熱だ!!

14

放射熱は、当たったものによって吸収されたり、反射したりするんだ。

「吸収」と「反射」ってまったく逆じゃないか。どういうこと？

そこの道路のアスファルトをさわってみて。

放射熱は、黒いものに当たると吸収されやすいんだ。

つまり黒いものはあたたまりやすい。

あちっ！

↑畑をおおう黒いシートは熱を吸収するので、地面の温度を保ち、作物を寒さから守ることなどに用いられる。雑草が増えるのをさまたげ、水分の蒸発を防ぐはたらきもある。

じゃあもしかして放射熱を反射しやすいのは白いもの？

←夏場に白い服を着るのは、熱を反射して暑さをしのぐ生活のちえだ。

そのとおり。表面がなめらかな金属や白いものは放射熱を反射するから、あたたまりにくいんだ。

練習しよう 〈答えは31ページにあります〉

熱の伝わりかた

次の図1、2は熱の伝わりかたに関する実験です。図をもとに、あとの問いに答えなさい。

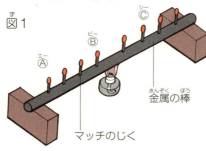

金属の棒にマッチのじくをろうで等間かくに固定して、棒の中央を加熱した。するとマッチのじくを固定していたろうがとけて、マッチが棒から落ちた。

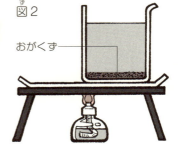

水の入ったビーカーにおがくずを入れて加熱すると、おがくずが動いた。

(1) 図1でⒶ、Ⓑ、Ⓒのマッチが落ちた順番はどうなったか、早く落ちた順に示したものを下の①～④から選んで答えなさい。

① Ⓐ→Ⓑ→Ⓒ　② Ⓑ→Ⓐ→Ⓒ　③ Ⓒ→Ⓑ→Ⓐ　④ Ⓑ→Ⓒ→Ⓐ

(2) 図2でビーカーに入れたおがくずの動きはどうなりますか。下の㋐～㋓から選んで答えなさい。

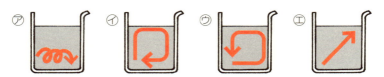

19

空気・水・金属の体積変化

●空気のぼう張の例

加える熱が強いほど、早く大きくぼう張するので注意が必要だ。

空気がぼう張することで生まれる現象は身の回りのあちこちで見られるよ。

←なべややかんを火にかけたとき、ふたがカタカタと鳴るのは、中の空気が熱せられてぼう張してふたをおしあげるため。

→竹の棒をたき火の中に入れると「パン」と大きな音を立てる。これは節と節のあいだに閉じこめられたようになっている空気がぼう張して破れつするから。

←へこんだピンポン球を湯であたためるともとの丸い形にもどるのも、ピンポン球の中の空気がぼう張したことによる。

●空気の体積変化と温度

空気はあたためると体積が大きくなり(ぼう張)、冷やすと体積が小さくなる(収縮)。

〈実験〉空のびんの口に石けん水でまくを張り(図1)、湯につけると、石けん水のまくはシャボン玉のようにふくらんだ(図2)。湯からびんを取り出すと、ふくれた石けん水のまくはへこみ、やがて図1のじょうたいにもどった。

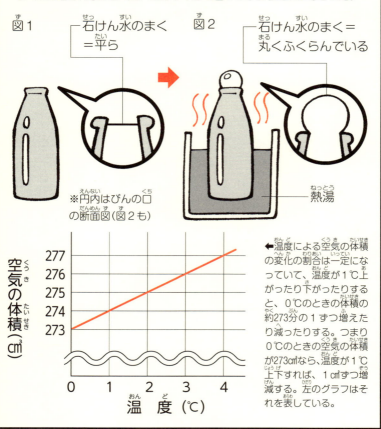

←温度による空気の体積の変化の割合は一定になっていて、温度が1℃上がったり下がったりすると、0℃のときの体積の約273分の1ずつ増えたり減ったりする。つまり0℃のときの空気の体積が273cm³なら、温度が1℃上下すれば、1cm³ずつ増減する。左のグラフはそれを表している。

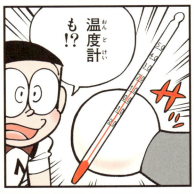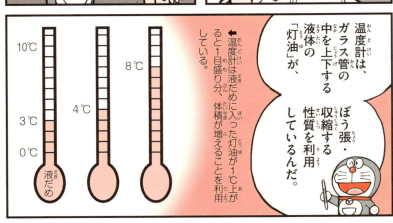

●水の体積変化と温度

水も、あたためると体積は大きくなり、冷やすと小さくなるが、空気ほど変化は大きくない。

〈実験〉試験管に水を入れ、ガラス管をさしたゴムせんをする（図1）。試験管を湯につけてあたためたり、氷水につけて冷やしたりして、ガラス管の水面の変化を見る。すると、あたためると水面は上がり、冷やすと下がった（図2）。

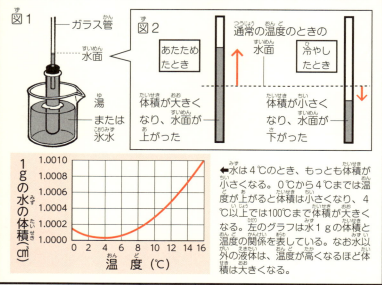

←水は4℃のとき、もっとも体積が小さくなる。0℃から4℃までは温度が上がると体積は小さくなり、4℃以上では100℃まで体積が大きくなる。左のグラフは水1gの体積と温度の関係を表している。なお水以外の液体は、温度が高くなるほど体積は大きくなる。

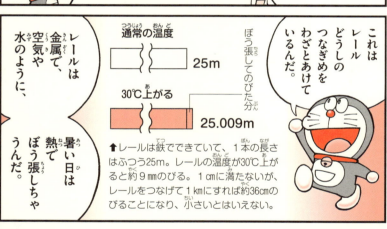

↑レールは鉄でできていて、1本の長さはふつう25m。レールの温度が30℃上がると約9mmのびる。1cmに満たないが、レールをつなげて1kmにすれば約36cmのびることになり、小さいとはいえない。

↑過去には暑さでレールがぼう張してゆがんだことで、列車が脱線する事故が実際に起きている。

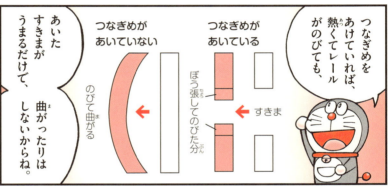

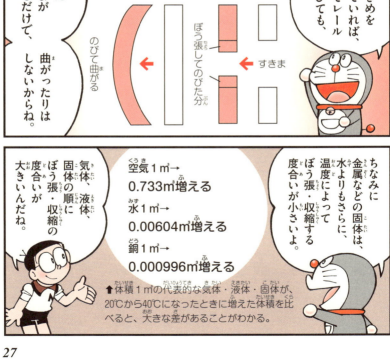

空気1㎥→
0.733㎥増える

水1㎥→
0.00604㎥増える

銅1㎥→
0.000996㎥増える

↑体積1㎥の代表的な気体・液体・固体が、20℃から40℃になったときに増えた体積を比べると、大きな差があることがわかる。

●金属の体積変化と温度

これは金属をあたためるとぼう張することを調べる実験だね。

金属(固体)も、空気(気体)や水(液体)と同じく、あたためると体積は大きくなり、冷やすと小さくなる。ただしその変化の割合は水よりもはるかに小さい。

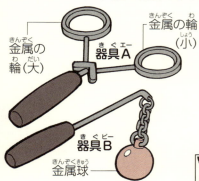

〈実験1〉左のような、持ち手に大小の金属の輪がついた器具Aと、金属球がついた器具Bを用意する。器具Bの金属球は、器具Aの金属の輪(大)をぎりぎり通り、金属の輪(小)は通らない大きさ。器具AとBを使い、①②の順で実験を行った。

①器具Bの金属球を数分加熱したあと、器具Aの大きな輪に通そうとすると通らない。金属球の体積が大きくなっていることがわかる。

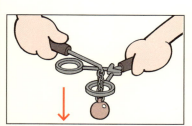

②金属球をじゅうぶんに冷やしたあと、器具Aの大きな輪に再び通すと通過した。金属球が冷えて小さくなり、もとの体積にもどったことがわかる。

〈実験2〉〈実験1〉で使った器具Aの小さな輪を数分加熱したあと、器具Bも使って、①②の順で実験を行った。

①器具Bの金属球を通すと、小さな輪を熱する前は通らなかったが、通過した。熱したことで小さな輪がぼう張して広がったことがわかる。

②小さな輪をじゅうぶんに冷やしたあと、再び金属球を通すと通過しなかった。冷やしたことで小さな輪が収縮して、せまくなったことがわかる。

〈実験3〉下の図のように、金属の棒を台にのせて、一方のはしを固定。もう一方のはしの下には竹ぐしを置いてその先にストローをさし、金属の棒をアルコールランプで熱した。

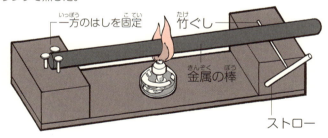

金属の棒を加熱すると、右の図のように、ストローは時計回りに回転した。これは、金属の棒が太矢印の方向にのびたことで竹ぐしが転がったからで、棒が熱せられてぼう張したことがわかる。

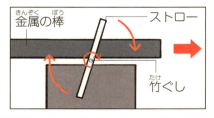

29

練習しよう 〈答えは46ページにあります〉

空気の体積変化

次の図1、2は空気の体積変化に関する実験です。図をもとに、あとの問いに答えなさい。

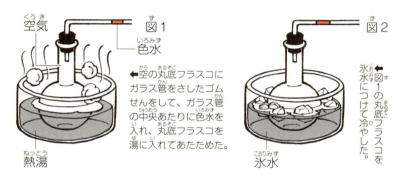

(1) 図1で、フラスコをあたためたら色水はどうなったか。下の㋐～㋒より選びなさい。また、そうなった理由を下の㋐～㋓より選びなさい。

(2) 図2で、フラスコを冷やしたら色水はどうなったか。下の㋐～㋒より選びなさい。また、そうなった理由を下の㋐～㋓より選びなさい。

㋐ 左に動いた　㋑ 変化はなかった　㋒ 右に動いた

㋐ フラスコ内の空気があたためられて体積が小さくなったから
㋑ フラスコ内の空気が冷やされて体積が小さくなったから
㋒ フラスコ内の空気があたためられて体積が大きくなったから
㋓ フラスコ内の空気が冷やされて体積が大きくなったから

（19ページの答え）（1）④（マッチのじくを固定するろうは、火から近い場所ほど早くとける）（2）㋐（火の近くのあたためられた水が最初に真上に移動する）

氷と水と水蒸気

←雨は直径0.1mm以上の大きさの水てきなのに対し、霧は約0.01〜0.02mmと小さい。

霧は水蒸気が冷えてできた、とても小さな水のつぶの集まりなんだ。

気体ではなく、コップに入れた水と同じ「液体」だよ。

じゃあ湯気は…。

それもお湯が変化した水蒸気が冷えてきた水のつぶさ。

そもそも水蒸気は目に見えない気体なんだ。

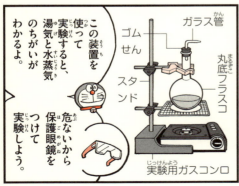

この装置を使って実験すると、湯気と水蒸気のちがいがわかるよ。

危ないから保護眼鏡をつけて実験しよう。

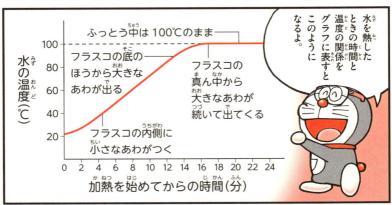

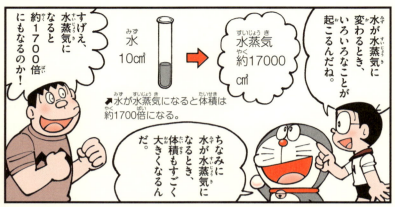

水が水蒸気になると体積は約1700倍になる。

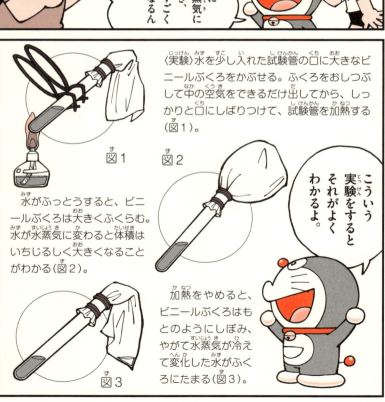

〈実験〉水を少し入れた試験管の口に大きなビニールぶくろをかぶせる。ふくろをおしつぶして中の空気をできるだけ出してから、しっかりと口にしばりつけて、試験管を加熱する（図1）。

水がふっとうすると、ビニールぶくろは大きくふくらむ。水が水蒸気に変わると体積はいちじるしく大きくなることがわかる（図2）。

加熱をやめると、ビニールぶくろはもとのようにしぼみ、やがて水蒸気が冷えて変化した水がふくろにたまる（図3）。

●どうちがう？　ふっとうと蒸発

　水などの液体はふっとうしなくても、常温でも液体の表面から気体に変化する。これを蒸発という。洗たくものを干しておけばかわくのは、蒸発のもっとも身近な例だ。

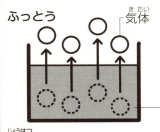

←ふっとうは液体の内部でさかんにあわを出して気体になるのに対し、蒸発は液体の表面から気体に変化する現象。ふっとうしているときは液体全体が変化しているのに対し、蒸発しているときは表面だけが変化していて、内部は変化していない。

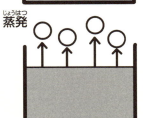

←図のように、水を入れた容器をラップでおおっておくと、やがてラップの内側に水てきがつく。これは容器の水が蒸発して水蒸気になり、それが冷やされたからだ。

さんせーい！

じゃあこんどは、水から氷を作る実験をしてみようか。

ところで、水は熱すると最後は水蒸気になるってわかったけど、冷やせば氷になるよね？

氷になるときは温度や体積ってどうなるのかな？

39

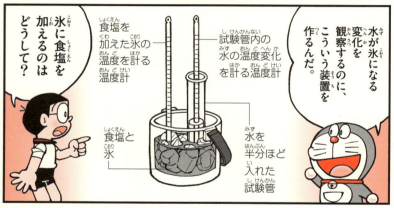

ほんとだ！氷にさした温度計がマイナス10℃を示してる。

で、次にこの食塩をまぜた氷に水だけが入った試験管を入れると…。

最初15℃くらいだった水温がどんどん下がっていく。

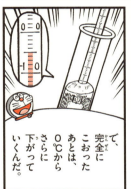

温度が0℃になったら、水の中に氷ができはじめる。

水はどんどんこおっていくけど、全部こおりきらないうちは0℃のまま。

で、完全にこおったあとは、0℃からさらに下がっていくんだ。

ふっとうするときの温度は100℃だったけど、こおりはじめるのは0℃なんだね。

こおりはじめてから完全にこおるまでは0℃のまま温度が一定だったというのも、

ふっとうのときと似ているよな。

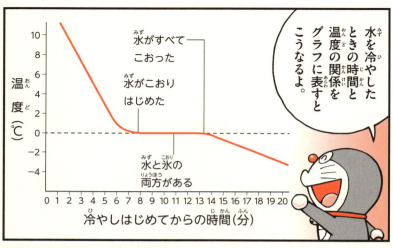

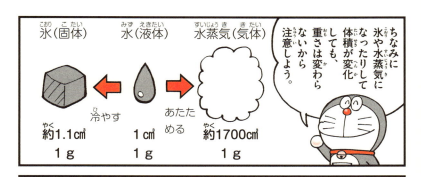

●水のじょうたい変化まとめ

水は温度によって氷(固体)、水(液体)、水蒸気(気体)と姿を変える。これを水のじょうたい変化といい、温度とじょうたいの変化の関係をグラフに表すと下のようになる。

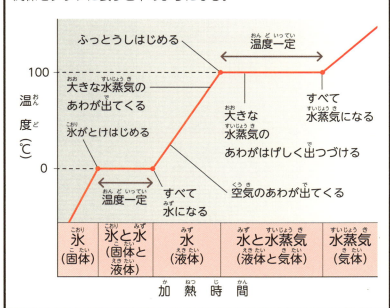

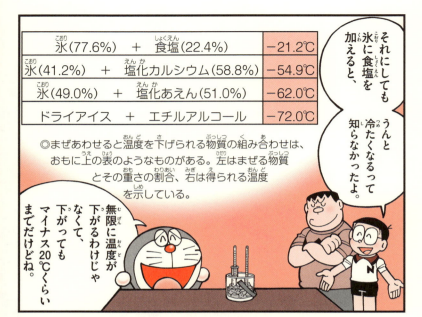

練習しよう 〈答えは57ページにあります〉

水を冷やしたときの変化

下の図のような装置を作り、試験管の中の水がこおるようすと温度変化を観察しました。グラフは試験管の中の水の温度の変化を示すものです。図やグラフを見て下の問いに答えなさい。

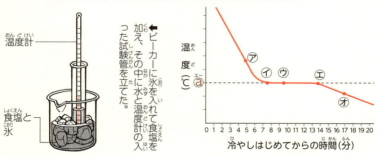

(1) ビーカーに食塩を入れる理由を下のあ〜うより選びなさい。

あ 氷をとけやすくするため。
い 氷と氷がくっつかないようにするため。
う 氷の温度を下げるため。

(2) グラフの@の温度は何℃ですか。数字で答えなさい。

(3) 次の①〜④は、グラフの⑦〜㋔のどの点でのことですか。それぞれについて記号で答えなさい。

① 水が全部氷になっていて、温度が下がりつづけている。
② 水がこおりはじめた。
③ 水が全部こおった。
④ 水と氷がほぼ半分ずつまざっている。

(31ページの答え) (1)⑦・㋒(フラスコ内の空気がぼう張して色水を右におし動かした) (2)⑦・㋑(フラスコ内の空気が収縮して、フラスコ外の空気が色水を左におし動かした)

46

第2章
だい しょう

もののとけかた

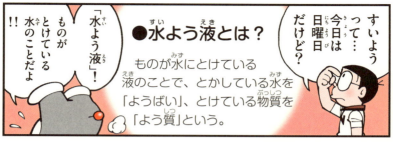

●水よう液とは？

ものが水にとけている液のことで、とかしている水を「ようばい」、とけている物質を「よう質」という。

●水よう液の条件

以下の４つにあてはまれば水よう液といえる。

① よう質は小さくなって形が見えなくなっている。
② 液がとうめいになっている（色がついたものもある）。
③ 水よう液のこさはどこも同じになっている。
④ 長時間おいてもとけたものが底にたまらない。

※ふつうは「○○水よう液」（○○はよう質名）というが、「食塩水」「砂糖水」のような呼びかたもある。

食塩をこの計量カップの水にどんどんとかしていこう。

かきまぜると早くとけるよね。

食塩など水にとけるものも、無限にとけるというわけじゃなくて、ある量をこえるととけなくなるんだ。

↑20℃の水100gに1回に10gずつ食塩をとかしていくと、4回目でとけのこりが出る。

●固体の物質を早くとかす方法

同じ量、同じ温度の水（ようばい）に同じ量のもの（よう質）を早くとかすには、下の2つの方法がある。

①かきまぜる

とかす物質のつぶの表面が、多くの水と短時間でふれることになり、とけやすくなる。

②とかす物質のつぶを小さくする

とかす物質のつぶを細かくすると、水にふれる面積が大きくなり、とけやすくなる。

50

ほんとだ。食塩を入れすぎて底にたまっちゃったね。

上ずみのところは、限度いっぱいまで食塩がとけた食塩水だね。

食塩	35.8 g
ホウ酸	4.9 g
砂糖	203.9 g
ミョウバン	11.4 g

↑ほう和の量は物質や温度により異なる。例えば20℃の100gの水ではこの表のようになっている。

これ以上とけないじょうたいを「ほう和」といって、こういう水よう液を「ほう和水よう液」と呼ぶんだ。

さて問題です。とけのこった食塩を全部とかすにはどうしたらいいと思う？

うーん…。

まったく思いうかばない…。ビルさえも消す「熱線銃」を使うとか？

何ぶっそうなこと言ってるの。というか、もっと簡単にとかす方法があるよ。

● とける量を増やす方法

「水の量を増やす」「水の温度を上げる」の2つがある。水の量を増やせば確実にとける量は増える。いっぽう温度を上げる場合、物質によってはとけにくくなるものもあるので注意。

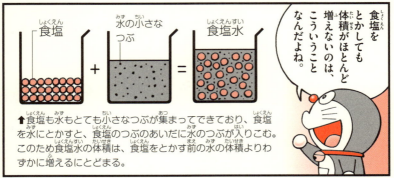

●とけている食塩を取り出す方法

下のように、食塩水を熱して、水を蒸発させてとけている食塩を取り出すなどの方法がある。

↑蒸発皿に食塩水を少量とって熱すると、水が蒸発して食塩の白いつぶ(結しょう)が現れる。

↓時間はかかるがペトリ皿に食塩水を少量とっても、置いておくとやはり水が蒸発して食塩の結しょうが出てくる。

ペトリ皿

●水よう液のこさの表しかた

とけているものの重さが、水よう液の重さの中でどのくらいの割合であるかを、下の式のように百分率（%）で示す。

$$\text{水よう液のこさ（濃度）（\%）} = \frac{\text{とけているものの重さ（g）}}{\text{水よう液全体の重さ（g）}} \times 100$$

なお水よう液の重さは、水の重さととけているものの重さの和なので、下のように表すこともできる。

$$\text{水よう液のこさ（濃度）（\%）} = \frac{\text{とけているものの重さ（g）}}{\text{水の重さ（g）} + \text{とけているものの重さ（g）}} \times 100$$

〈例題〉食塩25gを100gの水にとかしたときの食塩水のこさは何%か。

〈答え〉食塩水の重さは食塩と水の重さの和なので、25(g)+100(g)=125(g)
とけている食塩の重さを食塩水の重さでわり、100をかけた値がこさなので、
25(g)÷125(g)×100=20(%)

◎25(g)÷100(g)×100=25(%)というぐあいに、食塩の重さを食塩水の重さではなく、水の重さでわってしまわないように気をつけよう。

水よう液のこさについてわかれば、こういう問題だってきっと解けるよ。

〈問題〉
水100gに40gの食塩をとかしたところ、4gとけのこりました。
この食塩水の重さは何gですか。また、こさは何%ですか。

えっと、食塩水の重さはとけた食塩と水の重さの和だから…。

とけた食塩の重さ　　40 − 4 = 36　　36g

食塩水の重さ　　　100 + 36 = 136　　136g

◎とけのこった食塩の重さは食塩水の重さにはふくまないので注意。食塩を水にとかしてとけのこりができた場合、上ずみの液だけが食塩水。この上ずみの液は、食塩が限度いっぱいまでとけたほう和食塩水だ。

で、食塩水のこさはとけた食塩の重さを食塩水の重さでわって100をかけたものだから…。

$36 ÷ 136 × 100$
$= 26.4705…$

食塩水のこさ　26.5%

こうか！

◎水よう液のこさを百分率で表す場合、小数第2位以下を四捨五入することが多い。

練習しよう 〈答えは76ページにあります〉

もののとけかた

下の図1〜3の順で水に食塩20gを完全にとかし、それぞれのときにてんびんが水平につりあうようにおもりをのせました。これらについてあとの問いに答えなさい。

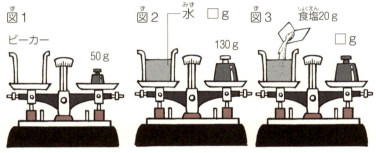

（1）図2でビーカーに入れた水の重さは何gですか。

（2）図3のてんびんはつりあっていますが、おもりの重さは何gですか。

（3）図3で加えた食塩は完全に水にとけましたが、できた食塩水のこさは何%ですか。小数点以下は四捨五入して、下の㋐〜㋓より選びなさい。

㋐ 25%　㋑ 20%　㋒ 15%　㋓ 13%

(46ページの答え)　(1)㋒　(2) 0 (℃)　(3) ①-㋐　②-㋑　③-㋓　④-㋐

作るのはミョウバンの大きな結しょうだよ。

ミョウバン

常温では無色または白い結しょうや粉末。クッキーなどを焼くときに使うふくらし粉として、またクリやイモなどのあくぬきなどに使われる。

まずは計量カップに入れた70℃のお湯100gに、80gほどとかす。

温度計

→とかすさいには粉末を薬包紙にとって少しずつ湯に入れ、かきまぜる。

ガラス棒

ミョウバンって、そんなにたくさんとけるの？

ミョウバンは水温が60℃をこえると、とける量が急に増えるんだ。

ミョウバンのよう解度

温度(℃)	40	50	60	70	80
とける量(g)	23.8	36.1	57.4	110.1	320.9

◎物質が液体にとける限度の量を「よう解度」といい、ふつうはある温度の水100gにその物質を何gとかすとほう和するかで表す。

で、しばらく放っておくと、ミョウバンの小さな結しょうが出てくる。

ほんとだ！

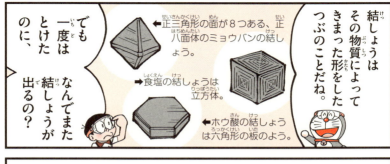
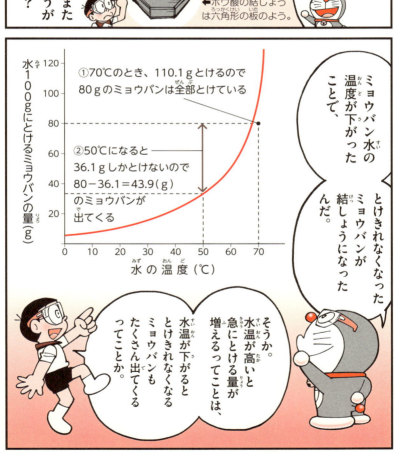

●ミョウバンをろ過して取り出す

とけきれなくなったミョウバンを下のような装置でこしとり、ミョウバン水と分ける。

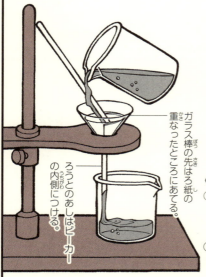

丸いろ紙を2回折って四つ折にする。

円すい形になるように開いてろうとにセット。

〈ろ過の手順〉
①上の図のように、ろ紙を円すい形に折って、ろうと台にセットしたろうとにはめこむ。
②左の図のように、ミョウバン水をガラス棒に伝わせてろうとに少しずつ注ぐと、ろ紙にはとけきれなくなったミョウバンの結しょうが残り、ビーカーにはミョウバン水がたまる。

ガラス棒の先はろ紙の重なったところにあてる。

ろうとのあしはビーカーの内側につける。

で、ミョウバン水が40℃くらいまで冷めたら、またこうやって「ろ過」して、とけきれなくなったミョウバンの結しょうを取り出すよ。

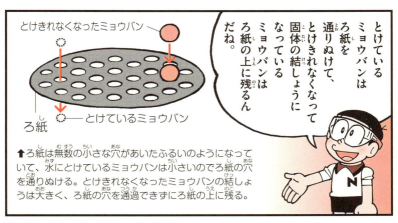

とけているミョウバンはろ紙を通りぬけて、とけきれなくなって固体の結しょうになっているミョウバンはろ紙の上に残るんだね。

↑ろ紙は無数の小さな穴があいたふるいのようになっていて、水にとけているミョウバンは小さいのでろ紙の穴を通りぬける。とけきれなくなったミョウバンの結しょうは大きく、ろ紙の穴を通過できずにろ紙の上に残る。

さて、のび太くん、ろ過されたこの液体は何かな？

ろ紙の結しょうは、とけきれなくなってカップの底に出てきたミョウバン…。

ってことは、ろ過されたのは限度いっぱいまでとけている、

ほう和ミョウバン水だ！

◎ミョウバンには「結しょうミョウバン」「焼きミョウバン」の2種類があり、今回使っているのは結しょうミョウバンのほう。

正解！

食塩水で勉強したことをよく覚えていたね!!

続いてろ紙に残った小さなミョウバンの結しょうから1つ選んで…。

↑選ぶ結しょうは、61ページで示したような、形の整った正八面体に近いものがベスト。

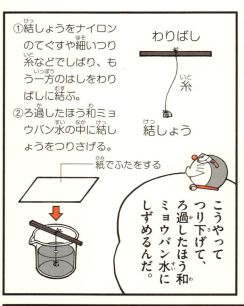

①結しょうをナイロンのてぐすや細いつり糸などでしばり、もう一方のはしをわりばしに結ぶ。
②ろ過したほう和ミョウバン水の中に結しょうをつりさげる。

こうやってつり下げて、ろ過したほう和ミョウバン水にしずめるんだ。

最後に発ぽうスチロールの箱に入れてふたをし、数日かけてゆっくり冷やす。

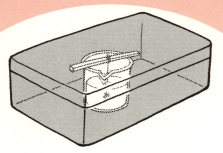

③冷とう食品などを宅配便で運ぶのに使う、発ぽうスチロールの箱に入れるのが○。こうするのは、結しょうをしずめた液体の温度の変化を小さくするため。ゆっくり冷やすほど形のきれいな結しょうができる。

↑箱に入れるのは、保温以外にほこりが入るのをさけるため。入ったほこりにミョウバンの結しょうがついてしまうからだ。

64

「スピード時計」で、じゃあ針を回すとその分だけ日にちがたつ、せめて明晩(ミョウバン)ってわけにはいかないの？数日!?

さあ、箱を開けてごらん。7日進めよう。

わぁ、小さな結しょうが大きな宝石みたいになってる！でも どうして？

→実は大きな結しょうに成長させることは難しい。箱に入れているうちに、容器の底にも小さな結しょうが出てくるが、その場合、つりさげているしょうをいったん取り出して、液をろ過して、その液に再び結しょうをつりさげよう。この作業をこまめにくりかえすと、きれいに大きく育ちやすい。

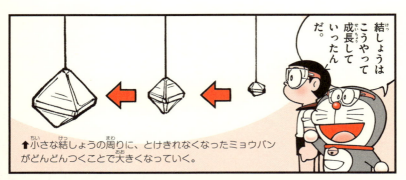

↑小さな結しょうの周りに、とけきれなくなったミョウバンがどんどんつくことで大きくなっていく。

←急に冷えると液体の中に小さな結しょうがいくつもできてしまい、大きな結しょうができない。

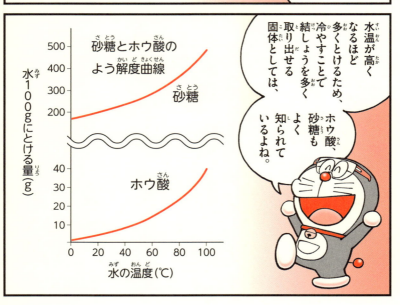

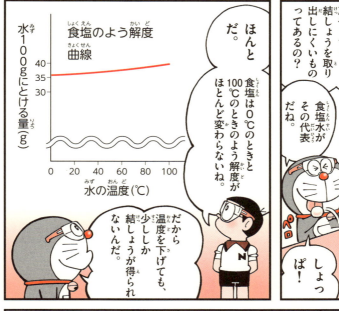

蒸発皿には顔を近づけない

水よう液を熱して水を蒸発させて物質を取り出す場合、蒸発が終わるころに、出てきた物質がはじけとぶことがあるので危険。保護眼鏡を着用して、蒸発皿からははなれて観察しよう。

ところで冷やしたり、水を蒸発させたりするととけている固体を取り出せるのはわかったけど、固体以外がとけている水よう液ってあるの？

いい質問。

固体以外がとけたおもな水よう液

アルコール水	アルコール（液体）
さく酸水よう液	さく酸（液体）
炭酸水	二酸化炭素（気体）
アンモニア水	アンモニア（気体）
塩酸	塩化水素（気体）

上のように気体や液体がとけた水よう液ももちろんあるよ。

気体のよう解度

温度	0	20	40	60	80
二酸化炭素	1.71	0.88	0.53	0.36	ー
アンモニア	1176	702	ー	ー	ー
塩化水素	507	442	386	339	ー

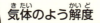

◎数値は、1㎤の水にとける気体の体積(㎤)を表したもの。
多くの固体と異なり、温度が上がるほどとけにくくなる。

ただし気体や液体がとけた水よう液は、固体がとけたものとちがって、熱しても冷やしてもとけている物質を取り出すことはできないんだ。

← 炭酸水も放置しておくととけている二酸化炭素が空気中に出ていってしまう。

水といっしょに蒸発しちゃうのか。

アルコール水 → 酒のにおいがする
さく酸水よう液 → 酢のにおいがする
炭酸水 → においはなく、あわが多く見られる
アンモニア水と塩酸 → 特有のにおいがする

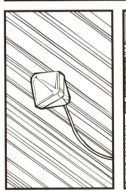

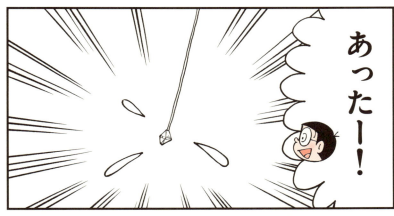

<ひと口メモ>よう解度の計算

物質によって異なり、同じ物質でも温度によって変わるよう解度(100gの水にとける限度の量)。温度や水の量を変えることで、その物質がとける量の変化を問う問題の解きかたを見ていこう。

【温度の変化ととける量】

水よう液の温度を下げることで物質がとけきれなくなって出てくる量、また、温度を上げることで追加でとかすことができる量を、表やグラフから読み取る。

温度(℃)	0	10	20	30	40	50	60
ホウ酸の重さ(g)	2.7	3.6	4.8	6.7	8.9	11.4	14.8

上の表はそれぞれの温度で100gの水にとけるホウ酸の重さを示しています。これについてあとの問いに答えなさい。

(例題1) 60℃、100gの水にホウ酸をとけるだけとかして、その後水温を10℃まで下げるととけきれなくなったホウ酸が出てきました。それは何gですか。

(答え1)表より、60℃、100gの水にとけるホウ酸は14.8g。いっぽう10℃、100gでは3.6g。14.8−3.6=11.2 とけきれずに出てくるホウ酸は11.2g。

(例題2) 20℃、100gの水にホウ酸をとけるだけとかして、その後水温を50℃まで上げました。追加で何gのホウ酸をとかすことができますか。

(答え2)表より、水温20℃のときにとかしたホウ酸は4.8g。水温50℃ではホウ酸のとける量は11.4g。11.4−4.8=6.6 ホウ酸はあと6.6gとかせる。

【水の量ととける量】

水の温度が同じなら、物質のとける量は水の量が2倍になると2倍に、水の量が3倍になると3倍になる。つまり物質のとける量は水の量に比例する。表やグラフから、水の量を増減した場合のとける量を読み取る。

温度(℃)	0	10	20	30	40	50	60
食塩の重さ(g)	35.6	35.7	35.8	36.1	36.3	36.7	37.1

上の表はそれぞれの温度で100gの水にとける食塩の重さを示しています。これについてあとの問いに答えなさい。

(例題3) 60℃の水300gに食塩をとけるだけとかしました。何gとけましたか。

(答え3) 表より、60℃の水100gにとける食塩は37.1g。同じ60℃の300gの水にはその3倍(300÷100＝3)とける。37.1×3＝111.3 とけた食塩は111.3g。

(例題4) 20℃の水50gに食塩をとけるだけとかしました。何gとけましたか。

(答え4) 表より、20℃の水100gにとける食塩は35.8g。同じ温度の水50gにはその0.5倍(50÷100＝0.5)とける。35.8×0.5＝17.9 とけたのは17.9g。

(例題5) 40℃の水200gに食塩を90gとかしたところ、とけのこりが出ました。何gとけのこりましたか。

(答え5) 表より、40℃の水100gにとける食塩は36.3g。同じ温度の水200gにはその2倍(200÷100＝2)とける。36.3×2＝72.6 40℃の水200gには72.6gとける。90－72.6＝17.4 とけのこったのは17.4g。

練習しよう 〈答えは89ページにあります〉

よう解度の計算問題

下の表はそれぞれの温度で100gの水にとけるミョウバンの重さを表したものです。これについてあとの問いに答えなさい。

温度(℃)	20	30	40	50	60	70	80
とける量(g)	11.4	16.5	23.8	36.1	57.4	110.1	320.9

（1）60℃の水100gに、1回につき10gずつミョウバンを加えていきました。初めてとけのこりが出るのは何回目に加えたときで、とけのこりは何gですか。

（2）40℃の水50gにとけるミョウバンの重さは何gになりますか。

（3）50℃の水200gにミョウバンを100gとかしたところ、とけのこりが出ました。何gとけのこりましたか。

（4）70℃の水300gにミョウバンを100gとかしました。このミョウバン水を40℃まで冷やしたときに現れる、とけきれなくなったミョウバンは何gですか。

（57ページの答え）（1）80g（水を入れる前につりあっていたおもりの重さは50g。水を入れたあとにつりあったおもりの重さは130g。130−50＝80）（2）150g（図2で水とビーカーの重さの合計が130gだったところに、20gの食塩を加えたので。130＋20＝150）（3）⑦（食塩水の重さは、食塩20gを水80gにとかしているので100g。食塩水のこさは、とけている食塩の重さを食塩水の重さでわって100をかけたもの。20÷100×100＝20　20％になる）

76

第3章
ものの燃えかた

●ろうそくの燃えかた

下の図に示すように、とけたろうが蒸発して気体になって燃える。

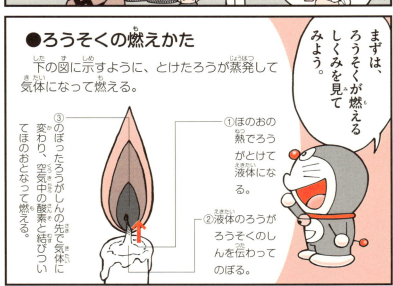

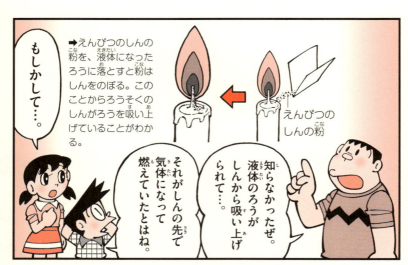

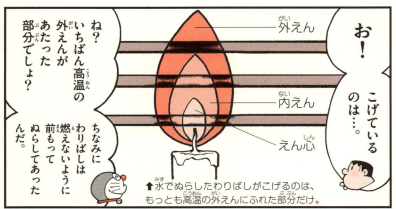

ろうそくのほのおも、外側は空気によくふれているから、ろうの気体がよく燃えて温度が高いんだ。

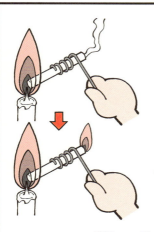

えん心にガラス管をさしこむと白いけむりが出た

けむりに火をつけるとほのおを出して燃えた

↑ほのおのもっとも内側のえん心は、空気にふれていないので、しんの先で気体になったろうが燃えていない。えん心にガラス管をさしこむと、白いけむり（ろう）が出てくる。これに火を近づけると燃える。

よし「フェルミラー」で、「空気は燃えることを助ける」ことを別の実験で確かめてみよう。

ろうそくをミラーに映して…。

何をやってんだ？

ちなみにペットボトルをこうしたら、ボトルの大きさに関係なくろうそくは燃えつづけるよ。

え!? なんで？

こうやってろうそくの周りに、たえず新しい新しい空気が入ってくるからさ。

↑下の穴から上の口へとペットボトル内を空気が通る。

●ものが燃える3つの条件

以下の3つがそろわないとものは燃えず、1つでも欠ければ火は消えてしまう。

ろうそくに限らずだけど、ものが燃えるのに必要な条件はこの3つなんだ。

①燃えるものがある
マッチの火がしばらくして消えるのは、燃料がすべて燃えつきてしまうから。

②じゅうぶんな空気がある
たき火に砂をかけると消えるのは、砂が空気をさえぎることが理由だ。

③発火点(※)以上の温度がある
水をかけて消火できるのは、水によって温度が発火点以下に下げられるため。

※発火点…ものが燃えだすための最低温度のこと。

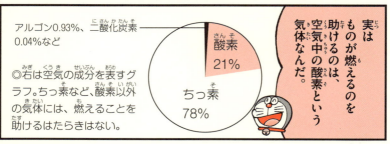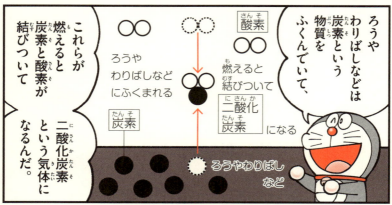

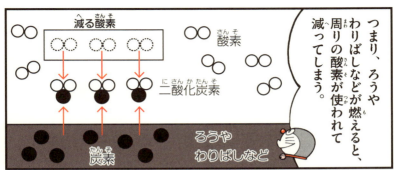
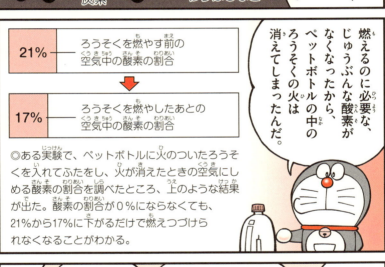

練習しよう 〈答えは104ページにあります〉

ものが燃える条件

ものが燃えつづけるには次の3つの条件が必要です。
①燃えるものがある　②空気(酸素)がある
③ものの温度が発火点以上になる

上の3つのうち1つでも欠ければ火は消えますが、下のあ～かは、3つの条件のうち、どれが欠けたことで火が消えたといえますか。①～③の番号で答えなさい。

あ　ふたをかぶせたらアルコールランプの火が消えた
い　風がふいてきてろうそくの火が消えた
う　ろうそくの火に冷たいスプーンを当てると消えた

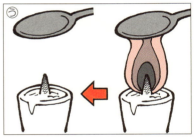

え　たき火に砂をかけたら消えた
お　ガスの元せんを閉じたらガスコンロの火が消えた
か　燃えているろうそくのしんをピンセットでつまむとろうそくの火が消えた

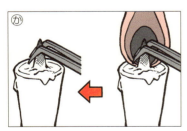

(76ページの答え)　(1) 6回目・2.6g (60℃の水100gには57.4gとける。10gずつ加えると6回目、合計60g加えたらとけのこりが出る。60－57.4=2.6)　(2) 11.9g (40℃の水100gに23.8gとけるので、半分の50gの水には11.9gとける。23.8÷2=11.9)　(3) 27.8g (50℃の水100gには36.1gとけるので、2倍の200gの水には72.2gとける。36.1×2=72.2　とけのこりは27.8g。100－72.2=27.8)　(4) 28.6g (40℃の水100gには23.8gとけるので、3倍の300gの水には71.4gとける。23.8×3=71.4　100gとかしたミョウバンは28.6gとけのこる。100－71.4=28.6)

89

<ひと口メモ>木の蒸し焼きと燃える気体

木をじゅうぶんな酸素があるところで熱するとほのおを上げて燃えるが、酸素にあまりふれないようにして熱するとどうなるか。下の図のような装置を作って実験してみよう。

【木の蒸し焼き】

下の図のように、短く折ったわりばしを試験管に入れてガラス管を通したゴムせんをはめ、わりばしの入った試験管のはしを加熱する。するとわりばしは燃えないかわりに、熱によって燃える気体や木炭などに分解される。

①わりばしは木炭に
加熱後のわりばしは黒い固体「木炭」に変わる。

②ガラス管から木ガス
加熱後まもなく、ガラス管の先から白いけむり「木ガス」が出てくる。

★試験管の口は底に対して下げる。

③木さく液と木タールが出る
加熱後すぐに、試験管の口のほうに「木さく液」「木タール」の2つの液体がたまる。

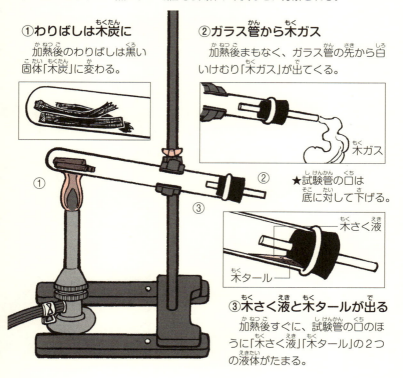

90

①木炭

わりばし＝木には、水素など燃える気体がふくまれているので、燃やすとほのおやけむりが出る。いっぽうわりばしを蒸し焼きにしてできた木炭は、燃える気体が木ガスになって出た残りで、ほとんど炭素でできている。このため、加熱しても赤く燃えて二酸化炭素しか出さないので、木炭は調理にも用いられる。

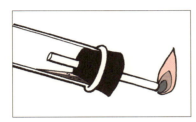

②木ガス

水素やメタン、一酸化炭素などの燃える気体、二酸化炭素などでできている。このため、木ガスが出ている試験管の口に火を近づけると、左の図のようにほのおとけむりを出して燃える。

③木さく液と木タール

木タールはこいかっ色のどろどろした液体でこげたような強いにおいがする。木さく液は黄かっ色の液体で酸性を示し、つんとしたにおいがする。試験管には、木さく液に木タールがしずむようにしてたまる。

試験管の口を下げる理由

試験管の口が上がっていると、できた木さく液などが試験管の底へ流れこむ（図A）。すると試験管の底のガラスは、外側は加熱されているのに、内側が木さく液で冷やされる。ガラスは加熱されるとぼう張し、冷やされると収縮するが、同じガラスの外側がぼう張し、内側が収縮するのでひずみができて割れる（図B）。これをさけるために、液体は試験管の口のほうに流れ落ちるようにする。

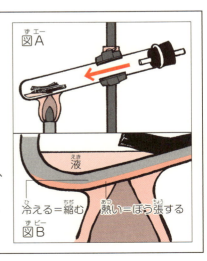

金属の燃焼とさび

↑とても細く加工された鉄のせんいで、食器洗い用のたわしとして売られている。

◎物質が酸素と結びついて、まったく別の物質に変化することを「酸化」という。「燃焼(燃える)」することも酸化の一種で、光と熱を出しながらはげしく酸素と結びつくのが燃焼。ちなみに97ページからしょうかいする「さびる」という現象も酸化だが、こちらはおだやかな変化で光は出さない。

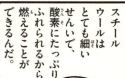

◎同じ鉄でもくぎは、表面は酸素にふれられても、その内部までは酸素にふれられないので燃えない。いっぽう鉄を粉末にすると、やはり酸素にふれる面積が大きくなるので、スチールウール同様よく燃える。

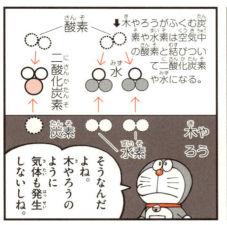

●銅もマグネシウムも「燃える」

鉄以外にも、燃焼して一定の割合で酸素と結びついて、別の物質に変化して重くなる金属がある。

【金属の粉末を加熱】

銅とマグネシウムなどは、粉末にすると酸素と結びつきやすくなる。左の図のような装置で加熱して、冷えたら重さを量る。その結果、燃焼前の金属と結びついた酸素の重さの関係は下のグラフのようになった。

スチールウール(鉄)がその重さの0.4倍の酸素と結びつくのと同じように、銅は燃焼するとその重さの4分の1の重さの酸素と、マグネシウムは燃焼するとその重さの3分の2の重さの酸素と結びつくことがわかる。

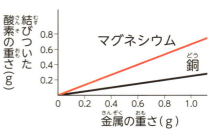

スチールウールと同じで、鉄が酸素と結びついて変化したんだ。

銀色のくぎが黒くなっているね。

次はこれを見て。鉄くぎを、ガスバーナーで真っ赤になるまで熱してから冷やしたものだよ。

共通点は、燃やして黒くなったスチールウールや黒さび、そして赤さびも酸素と鉄が結びついてできたってことだね。

なのにどうして、黒さびと赤さびは見た目が全然ちがうの?

赤さびができている鉄があるところにいろいろ行ってみよう。

放置自転車か。真っ赤にさびているな。

地中から立ち上がっている鉄柱は、地面に近いあたりのさびがひどいね。

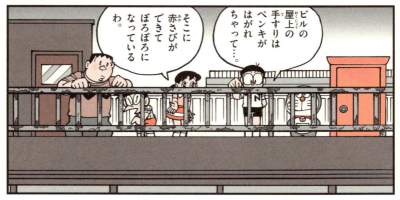

ビルの屋上の手すりはペンキがはがれちゃって…。

そこに赤さびができてぼろぼろになっているわ。

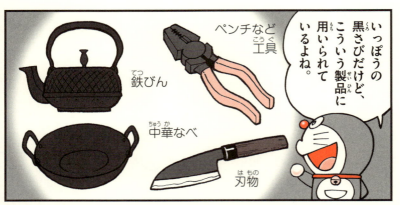

いっぽうの黒さびだけど、こういう製品に用いられているよね。

ペンチなど工具
鉄びん
中華なべ
刃物

赤さびと黒さびがついているものを比べてみると…。

赤さびがついているものって、全部屋外にあったよな。

屋外ってことは、雨にぬれたりするから…。

赤さびって、水に関係あるんじゃないかしら!?

そのとおり！
赤さびは空気（酸素）と水の両方がそろっているとできるんだ。

水が、鉄と酸素を時間をかけて結びつけてできるのが赤さびだね。

酸素
水
鉄

↑鉄についた水に空気中の酸素がとけこみ、水中にとけだした鉄と結びつく。

100

いっぽうの黒さびは、鉄を加熱することなどで、短時間で酸素と結びついてできる。

黒さびは人工的につけられることがほとんど。

赤さびとちがって、自然に発生するものじゃないんだな。

黒さびは水がなくてもできるのね。

赤さびと黒さびのちがいをまとめるとこういうことになるよ。

赤さび	黒さび
茶かっ色	黒色
ゆっくり時間をかけて鉄が酸素と結びついてできる。	熱によって短時間で鉄が酸素と結びついてできる。
自然に発生する。	自然には発生しない。
表面にできてから鉄の内部に進んでぼろぼろにする。	表面にうすくできて鉄の内部には進まず、鉄の内部を守る。

→内部まで進む赤さびを防ぐために、黒さびをほどこす鉄製品は多い。

でもなんで、鉄って銀色できれいなのに、わざわざ焼いて黒さびをつけるの?

黒さびを表面につけることで、赤さびなどから守ることができる。

だから黒さびを利用した鉄製品はたくさんあるんだ。

101

練習しよう 〈答えは119ページにあります〉

金属の燃焼と重さ

銅の粉末を加熱すると、空気中の酸素と結びついて酸化銅という別の物質ができます。下の表は加熱前の銅の粉末の重さと、酸化銅の重さを示すものです。これについてあとの問いに答えなさい。

銅の粉末の重さ(g)	0.2	0.4	0.6	0.8	1.0
酸化銅の重さ(g)	0.25	0.5	0.75	1.0	1.25

（1）加熱前に0.8gだった銅の粉末は、加熱後に1.0gの酸化銅に変化しました。何gの酸素と結びついたと考えられますか。

（2）1.2gの銅の粉末を加熱すると、何gの酸化銅に変化すると考えられますか。

（3）銅の粉末の重さと結びついた酸素の重さをグラフに表しました。正しいグラフはあ〜うのどれですか。記号で選びなさい。

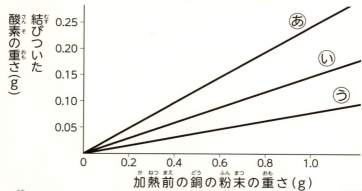

気体の性質

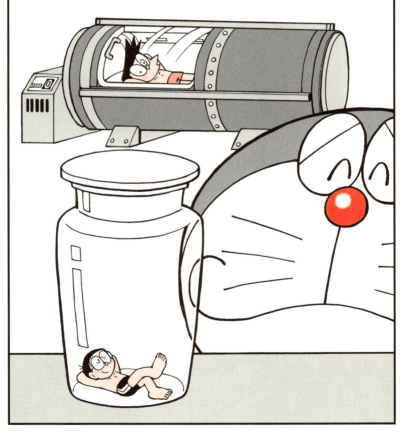

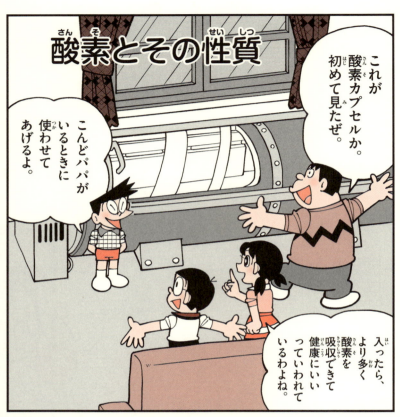

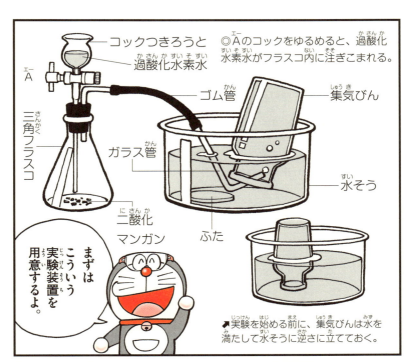

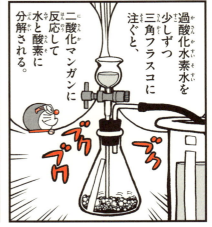

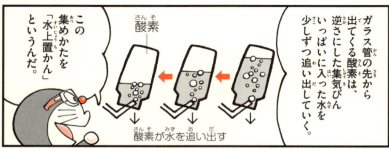

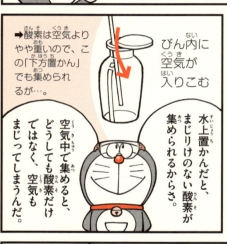

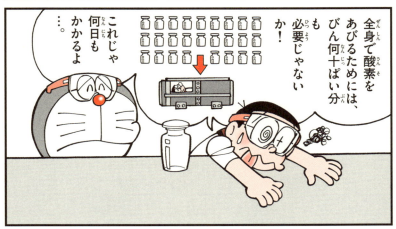

★集気びんの中での燃焼実験の前に

このページでは、酸素を集めた集気びんの中でろうそくなどを燃やす実験をしょうかいしているが、実験をするにあたり、集気びんに水を少し入れておこう。

燃えて熱くなったスチールウールなどが集気びんの底に落ちたりすると、ガラスが熱で急げきにぼう張して割れるおそれがあるからだ。

さて、酸素を集めたびんをもう1つ用意して…。

火をつけたろうそくとスチールウールをそれぞれ入れてみるよ。

わあ、ろうそくは空気中よりも明るくかがやいて燃えるんだね!

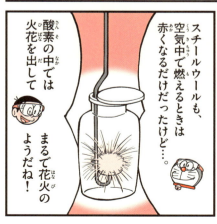

スチールウールも、空気中で燃えるときは赤くなるだけだったけど…。

酸素の中では火花を出してまるで花火のようだね!

石灰水

消石灰とも呼ばれる水酸化カルシウムの水よう液。無色とうめいでアルカリ性。二酸化炭素がとけると白くにごるが、これは二酸化炭素と水酸化カルシウムが結びついて、水にとけない炭酸カルシウムという白色の物質に変化するからだ。

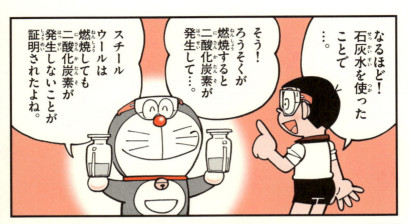

◎空気中にふくまれる二酸化炭素の割合は約0.04%。ところがはく息にはその100倍以上の約4.5%もふくまれる。

116

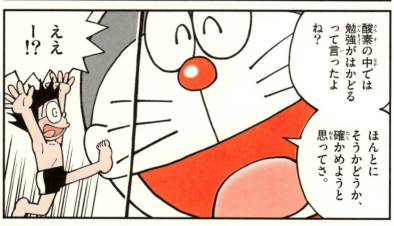

練習しよう 〈答えは132ページにあります〉

酸素の発生実験

下の図のように、三角フラスコに黒い固体の薬品Bを入れ、液体の薬品Aを注ぎ入れると酸素が発生しました。これについてあとの問いに答えなさい。

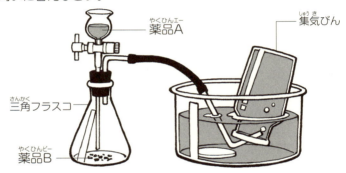

(1) 薬品A、Bはそれぞれ何ですか。次から選び記号で答えなさい。
㋐二酸化マンガン　㋑塩酸　㋒水酸化ナトリウム水よう液
㋓過酸化水素水　㋔アンモニア水

(2) 酸素を集めるさいに、水で満たした集気びんに水といれかえるようにして集めるのは、酸素にどのような性質があるからですか。次から記号で選びなさい
㋐空気より軽い　㋑無色でにおいがない　㋒水にとけにくい
㋓水にとけやすい　㋔ものが燃えるのを助ける

(104ページの答え)　(1) 0.2ｇ (酸化銅の重さは、もとの銅とそれに結びついた酸素の重さを合わせたもの。つまり酸化銅の重さからもとの銅の重さをひくと、結びついた酸素の重さが求められる。1.0－0.8＝0.2) (2) 1.5ｇ (表より、結びつく銅と酸素の重さの比は4：1で一定になっていることがわかる。1.2ｇの銅に結びつく酸素は0.3ｇ。1.2＋0.3＝1.5)
(3) ㋐ (銅の重さ0.8ｇ・酸素の重さ0.20ｇという点と、原点〈銅の重さ0ｇ・酸素の重さ0ｇ〉を結んだ直線になる)

119

シャボン玉の中身は空気で、まくの重さの分だけ空気よりも重くて、二酸化炭素よりも軽いから…。

なるほど！二酸化炭素にシャボン玉がういていたわけか!!

さらに二酸化炭素は「色もにおいもない」。

だからシャボン玉を二酸化炭素が支えているなんて、だれにもわからない!!

ところで手品では市はんのスプレーを使ったけど、

二酸化炭素を発生させるにはこういう装置を使うよ。

◎使う装置や気体の集めかたは109ページの酸素のときと同じ。塩酸を石灰石に注いで反応させる。コックつきろうとのあしは、三角フラスコ内で発生する二酸化炭素が塩酸の入っているろうとに逆流しないよう、フラスコの底までのばす。

「下方置かん」でも集められる

空気がどうしても入りこんでしまううえに、水上置かんとちがい、無色の二酸化炭素がいつ集気びんいっぱいに集まったのかがわからないという欠点がある。

反応させる物質はちがうけど、水上置かんで集めたりとか、作りかたは酸素と同じだね。

ただし二酸化炭素は水に少しとけ、空気よりも重いから、「下方置かん」という方法でも集めるよ。

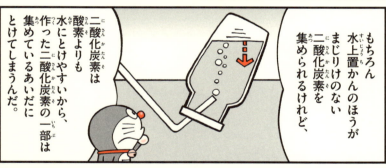

もちろん水上置かんのほうがまじりけのない二酸化炭素を集められるけれど、

二酸化炭素は酸素よりも水にとけやすいから、作った二酸化炭素の一部は集めているあいだにとけてしまうんだ。

二酸化炭素って水に少しとけるのか…。
とけたらどうなるの?

おもしろい実験があるよ。

まずは水を半分ほど入れたペットボトルを用意して…。

124

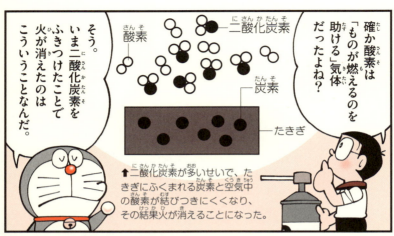

練習しよう 〈答えは147ページにあります〉

二酸化炭素の発生実験

下の図のように、三角フラスコに石灰石を入れ、うすい塩酸を注ぎ入れると二酸化炭素が発生しました。これについてあとの問いに答えなさい。

(1) 二酸化炭素を発生させるときに、石灰石のかわりに使えないものを次から2つ選び、記号で答えなさい。

㋐貝がら　㋑鉄　㋒大理石
㋓卵のから　㋔二酸化マンガン

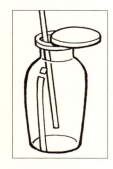

(2) 発生させた二酸化炭素は、上の図(点線内)以外にも、左の図のような方法で集めることもできます。これは二酸化炭素にどのような性質があるからですか。次から記号で選びなさい。

Ⓐ空気より軽い　Ⓑ空気より重い
Ⓒものが燃えるのを助けるはたらきがある
Ⓓ水にとけにくい　Ⓔ水にとてもとけやすい

(3) 二酸化炭素を集めたびんの中に、ある水よう液を加えたら、液が白くにごりました。この水よう液はなんですか。次から記号で選びなさい。

ⓐ炭酸水　ⓑ過酸化水素水　ⓒ石灰水　ⓓミョウバン水　ⓔ食塩水

(119ページの答え)　(1)薬品A＝㋓　薬品B＝㋐　(2)ⓒ

第5章
酸性・アルカリ性・中性

○ 代表的な酸性の水よう液

炭酸水、塩酸、ホウ酸水、りゅう酸、レモンのしる、リンゴのしるなど

★酸性に限らず、水よう液には人体に有害なものもあるので、正体がわからない水よう液をむやみになめたりすることは絶対にさけよう。

136

○代表的なアルカリ性の水よう液
水酸化ナトリウム水よう液、石灰水、アンモニア水など

○代表的な中性の水よう液
食塩水、砂糖水、アルコール水など

↑調べる水よう液をガラス棒の先につけて、青色リトマス紙と赤色リトマス紙両方につける。

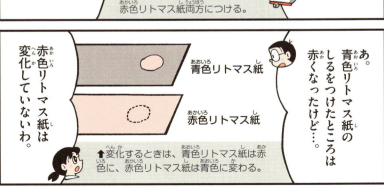

↑変化するときは、青色リトマス紙は赤色に、赤色リトマス紙は青色に変わる。

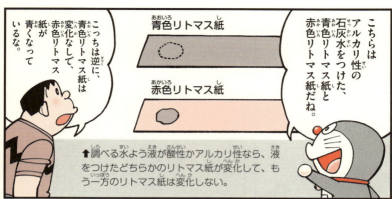

●BTB液と フェノールフタレイン液

どちらの指示薬（※）も、調べる水よう液にたらして色の変化を見ることで、その水よう液の性質がわかる。

※指示薬…液体の性質を確かめるために使う薬品。

BTB液

調べる水よう液が酸性ならば黄色、中性では緑色に、アルカリ性の場合は青色に変化する。またBTB液を加えた水よう液が、例えば酸性から中性に変化すると、色も黄色から緑色に変わるので、中和の実験(153ページ)などにも用いられる。

フェノールフタレイン液

無色の指示薬で、調べる水よう液がアルカリ性の場合は赤く変化する。酸性や中性の場合は無色のまま変わらない。

リトマス紙とはちがって、この2つは調べたい水よう液にたらして調べるんだね。

●家で作れる指示薬 ムラサキキャベツ液

右の図のようにムラサキキャベツ液を作って、調べたい水よう液に加えてみよう。酸性・中性・アルカリ性それぞれの性質に応じて、下に示すように色が変化するので、BTB液やフェノールフタレイン液と同様に指示薬として使える。

①ムラサキキャベツを千切りに。
②しるをにだす
③液をこしてできあがり。

酸性 ——————— 中性 ——————— アルカリ性

赤色　ピンク色　むらさき色　緑色　黄色

←弱い酸性だとピンク色に、弱いアルカリ性だと緑色に変化する。

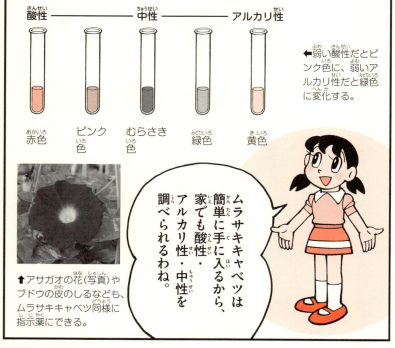

↑アサガオの花（写真）やブドウの皮のしるなども、ムラサキキャベツ同様に指示薬にできる。

ムラサキキャベツは簡単に手に入るから、家でも酸性・アルカリ性・中性を調べられるわね。

撮影／広瀬雅敏

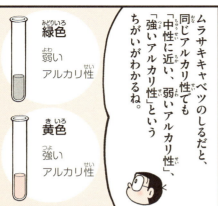

おもな酸性・アルカリ性・中性の水よう液

性質	水よう液の名前	※とけているもの
酸性	塩酸	塩化水素(気体)
酸性	炭酸水	二酸化炭素(気体)
酸性	さく酸水よう液	さく酸(液体)
酸性	ホウ酸水	ホウ酸(固体)
中性	アルコール水	アルコール(液体)
中性	食塩水	食塩(固体)
中性	砂糖水	砂糖(固体)
アルカリ性	アンモニア水	アンモニア(気体)
アルカリ性	石灰水	水酸化カルシウム(固体)
アルカリ性	水酸化ナトリウム水よう液	水酸化ナトリウム(固体)

◎リトマス紙は指でさわると変色してしまうことがあるので、左のイラストのように、取り出すときはピンセットを使う。また、やはり変色を防ぐために、使い終わったらすぐにケースにふたをして保管する。空気中の物質に反応してしまうかもしれないからだ。

※気体、液体、固体など、とけているもののじょうたいは常温のときのものを示しています。

練習しよう 〈答えは162ページにあります〉

酸性・アルカリ性・中性

　下の表はリトマス紙、BTB液、フェノールフタレイン液を使い、水よう液の性質と色の変化を調べたものです。あとの問いに答えなさい。

指示薬 ＼ 性質	酸性	中性	アルカリ性
リトマス紙	赤色→赤色	赤色→赤色	赤色→①
	青色→②	青色→青色	青色→青色
BTB液	③	④	青色
フェノールフタレイン液	⑤	無色	⑥

（1）上の表の①～⑥にあてはまる色を下の⑦～⑰より選び、記号で答えなさい。同じ記号を何回使ってもかまいません。

⑦赤色　　⑦青色　　⑨黄色　　⑤むらさき色　　⑦緑色　　⑪無色

（2）以下の水よう液の性質はそれぞれ、⑥酸性・⑩アルカリ性・⑤中性のどれにあてはまりますか。記号で答えなさい。

Ⓐ炭酸水　　Ⓑホウ酸水　　Ⓒ塩酸　　Ⓓ食塩水　　Ⓔ石灰水　　Ⓕ砂糖水
Ⓖ水酸化ナトリウム水よう液　　Ⓗアンモニア水

(132ページの答え)　（1）⑦・⑦（⑦・⑦・⑤は石灰石のおもな成分である炭酸カルシウムをふくむので、石灰石の代わりに使える）　（2）Ⓑ（同じ体積で比べたら二酸化炭素は空気の約1.5倍の重さがある）　（3）⑤

147

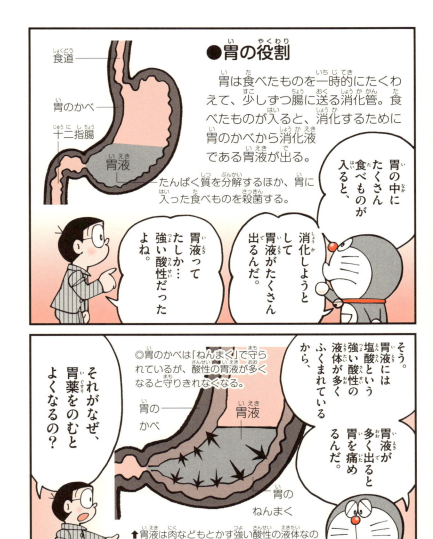

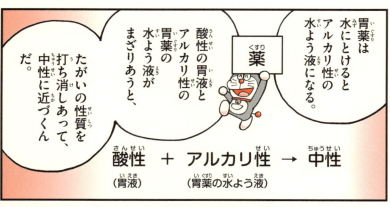

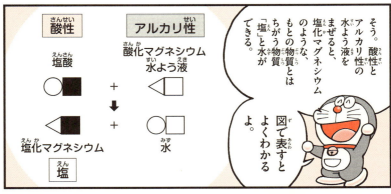

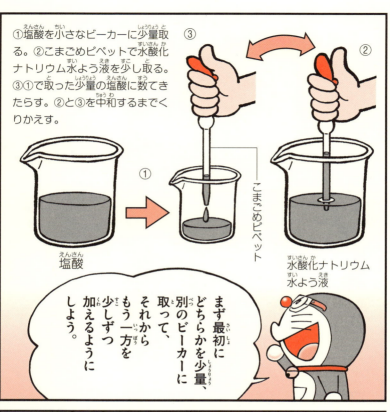

●中和のしくみ

小さなビーカーに取った塩酸に水酸化ナトリウム水よう液を加えていくと、最初は塩酸のほうが多いので酸性だが、とちゅうで両方とも適当な量になって中性になる。その後も水酸化ナトリウム水よう液を加えていくと、水酸化ナトリウム水よう液のほうが多くなり、アルカリ性を示すようになる。

① 塩酸に水酸化ナトリウム水よう液を加えはじめたとき　＝酸性を示す

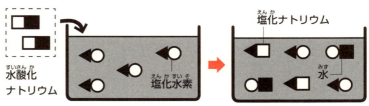

●ビーカーの中では塩酸と水酸化ナトリウム水よう液が中和して塩化ナトリウムや水ができるが、水酸化ナトリウム水よう液と反応していない塩酸が多く残っているので酸性を示す。

② さらに水酸化ナトリウム水よう液を加えて、塩酸の量とつりあったとき　＝中性を示す

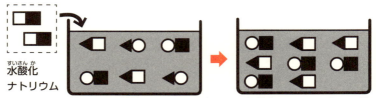

●①のときに残っていた塩酸がすべて、追加された水酸化ナトリウム水よう液と反応。ビーカーの中が塩化ナトリウムと水だけになって完全に中和して、中性を示す。

③ 中和してからもなお水酸化ナトリウム水よう液を加えたとき ＝アルカリ性を示す

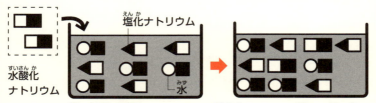

②でビーカー内の液体が中性になってもなお水酸化ナトリウム水よう液を加えつづけると、追加した水酸化ナトリウム水よう液と反応する物質がないのでアルカリ性を示す。

石灰水が白くにごるのも中和反応

二酸化炭素は水にとけると炭酸水という酸性の水よう液になる。いっぽう、石灰水は水酸化カルシウムがとけた無色とうめいのアルカリ性の水よう液。石灰水に二酸化炭素がとけると白くにごるが、これは二酸化炭素と水酸化カルシウムが結びついて、炭酸カルシウムという塩と水に変化するからだ。

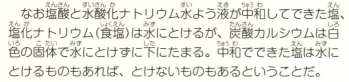

二酸化炭素 (炭酸水＝酸性)
＋
水酸化カルシウム (石灰水＝アルカリ性)
↓
炭酸カルシウム (塩) ＋ 水

なお塩酸と水酸化ナトリウム水よう液が中和してできた塩、塩化ナトリウム（食塩）は水にとけるが、炭酸カルシウムは白色の固体で水にとけずに下にたまる。中和でできた塩は水にとけるものもあれば、とけないものもあるということだ。

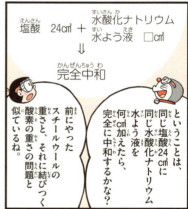
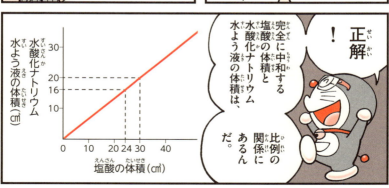

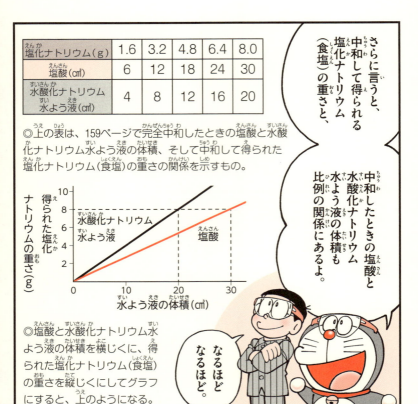

塩化ナトリウム(g)	1.6	3.2	4.8	6.4	8.0
塩酸(cm³)	6	12	18	24	30
水酸化ナトリウム水よう液(cm³)	4	8	12	16	20

◎上の表は、159ページで完全中和したときの塩酸と水酸化ナトリウム水よう液の体積、そして中和して得られた塩化ナトリウム(食塩)の重さの関係を示すもの。

◎塩酸と水酸化ナトリウム水よう液の体積を横じくに、得られた塩化ナトリウム(食塩)の重さを縦じくにしてグラフにすると、上のようになる。

さらに言うと、中和して得られる塩化ナトリウム(食塩)の重さと、中和したときの塩酸と水酸化ナトリウム水よう液の体積も比例の関係にあるよ。

なるほどなるほど。

ドドドドラえもん！大変だ！

どうしたの？

今日の実験はおしまい。

中和についてだいぶわかってきた気が…。

あれ？

160

練習しよう 〈答えは175ページにあります〉

中和

うすい水酸化ナトリウム水よう液20㎤を入れた、５つのビーカーA、B、C、D、Eに、それぞれ同じこさのうすい塩酸を量を変えて加えて、最後にBTB液を加えました。下の表はその結果をまとめたものです。これについて、あとの問いに答えなさい。

	A	B	C	D	E
加えた塩酸の体積(㎤)	16	24	32	40	48
BTB液を加えたあとの色	①	②	緑色	③	④

（１）上の表の①〜④にあてはまる色を下の⑦〜⑨より選び、記号で答えなさい。同じ記号を何回使ってもかまいません。

⑦赤色　⑦青色　⑦黄色　⑦むらさき色　⑦緑色　⑦無色

（２）実験が終わったビーカーの液の水を蒸発させたところ、どのビーカーも固体が残りました。ビーカーB、Dに残った固体は何ですか。下の⑧〜⑨より選び、記号で答えなさい。なお２種類の固体が残ったビーカーもあるので、その場合は２つ選びなさい。

⑧塩化水素　⑩塩化ナトリウム（食塩）　⑨水酸化ナトリウム

(147ページの答え)　（１）①－⑦　②－⑦　③－⑨　④－⑦　⑤－⑦　⑥－⑦
（２）Ⓐ－⑧　Ⓑ－⑧　Ⓒ－⑧　Ⓓ－⑨　Ⓔ－⑩　Ⓕ－⑨　Ⓖ－⑩　Ⓗ－⑩

162

第6章 水よう液と金属

水よう液と金属の反応

わあ、もうあんなに小さくなって…。

あのロケットは水素を燃やして生まれる力で飛んでいるんだよね。

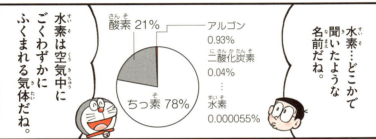

水素…どこかで聞いたような名前だね。

水素は空気中にごくわずかにふくまれる気体だね。

●水素の性質

① 水にほとんどとけない、色もにおいもない気体（常温のとき）。
② 空気より軽く、気体のなかでももっとも軽い。
③ 右の図のように、水素を入れた試験管の口に火を近づけると、ポンと音を立て、ほのおを出して燃える。
水素が燃えるときは以下のように酸素と反応して、水ができる。

水素＋酸素→水（水蒸気） ※最初は水蒸気のじょうたいで水になる。

165

酸素はものが燃えるのを助けるけど、水素はそれ自体が燃えるんだね。

そうなんだ。そして燃えると、二酸化炭素ではなく水蒸気、つまり水になる。

水蒸気が冷えてついた水てき

↑前のページで試験管の口から出ている水素を燃やしたときも、反応してできた水は最初は水蒸気のじょうたいだが、すぐに冷えて、試験管の内側には水てきがつく。

酸素と反応してもできるのは水だから、水素はクリーンなエネルギーとして注目されているよね。

●水素は次世代エネルギー!?

水素は酸素と結びついて水に変化するさいに熱や電気を生み出せる。二酸化炭素を出さないため、新しいエネルギーとして注目されており、すでに一部実用化されている。

←水素を酸素と結びつけて生まれる電気で動く「水素燃料電池自動車」が、乗用車やバスなどとして一部利用されている。

➡都市ガスやLPガスから取り出した水素を利用して、電気や給湯をまかなう家庭もじょじょにではあるが増えつつある。

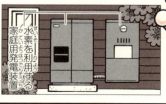
水素を利用する家庭用発電装置

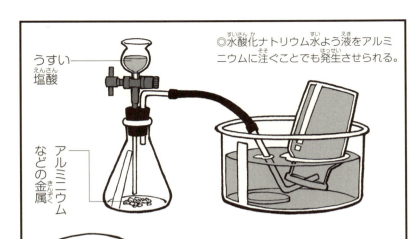

◎水酸化ナトリウム水よう液をアルミニウムに注ぐことでも発生させられる。

うすい塩酸

アルミニウムなどの金属

水素は理科の実験では酸素や二酸化炭素と同じように、こうやって発生させるよ。

◎使う器具は109ページの酸素や123ページの二酸化炭素のときと同じ。うすい塩酸をアルミニウムのつぶに注ぐと、アルミニウムは表面からあわを出してとけていく。このあわが水素だ。アルミニウムが全部とけてしまうと、水素はそれ以上発生しなくなる。水素は酸素と同じく水にとけにくいので、水上置かんで集める。

★水素は無色の気体なので、この方法では集めた量がわからないという欠点もある。

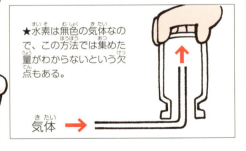

気体 →

↑水素は空気よりも軽い気体なので、水上置かん以外に、この図のように「上方置かん」という方法でも集められる。しかしどうしても周囲の空気がまじってしまうなどの欠点があるので、水上置かんで集める。

167

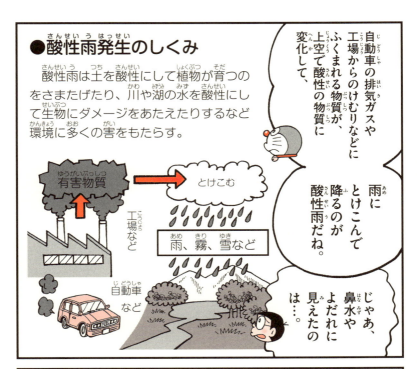

話をもどすけど、水よう液が金属をとかして水素を発生させるというのは…。

アルミニウム
水酸化ナトリウム水よう液

あえん

鉄

塩酸

酸性の塩酸がアルミニウムをとかして、という組み合わせばかりじゃないよ。

↑アルミニウム以外にも塩酸に反応して水素を発生する金属があり、またアルミニウムもアルカリ性の水酸化ナトリウム水よう液にも反応して水素を発生する。

鉄やあえんも塩酸にとけて水素を出し、アルカリ性の水酸化ナトリウム水よう液もアルミニウムをとかして、水素を発生させるんだね。

◎いろいろな金属と塩酸、水酸化ナトリウム水よう液の反応を示したもの。これらにとけない金属もある。

水よう液＼金属	アルミニウム	あえん	鉄	銅	金	銀
塩酸	○	○	○	×	×	×
水酸化ナトリウム水よう液	○	△	×	×	×	×

○とける　△こい水よう液にはとける　×とけない

もちろん、金属をとかさない酸性やアルカリ性の水よう液もあれば…。

酸性やアルカリ性の水よう液にとけない金属もあるよ。

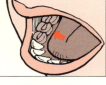

↑金や銀などの貴金属は酸性やアルカリ性の水よう液にほとんど反応しないので、義歯（矢印）や指輪などに用いられる。

170

ところでとけた金属はどうなっちゃうの?

塩酸＋アルミニウム
→水素＋塩化アルミニウム①

塩酸＋あえん
→水素＋塩化あえん②

塩酸＋鉄→水素＋塩化鉄③

水酸化ナトリウム水よう液
＋アルミニウム
→水素＋アルミン酸ナトリウム④

①〜④のように、水よう液と反応したあとは別の物質になってしまうんだ。

変化してできた別の物質①〜④は、どれも水にとけるから、金属と反応したあとで水を蒸発させると、固体として出てくるよ。

↑塩酸にスチールウールをとかしたのち加熱すると、塩化鉄の黄色い固体が蒸発皿に残る。

例えば塩化鉄は、電気も通さず磁石にもつかないから、もとの鉄とは別の物質になっていることがわかるよね。

←蒸発皿に残った塩化鉄に塩酸を注いでみても変化は起こらない。鉄ならば反応して水素を発生するので、このことからもとの鉄とは別の物質であることがわかる。

塩化鉄

171

●水よう液と金属の反応の速さ

ちなみに水よう液と金属の反応を速くするには、この3つの方法があるよ。

①水よう液をこくする

水よう液のこさがこいほど水素のあわが活発に出て、反応が速くなる。ただしあまりこくすると反応がはげしくなりすぎて危険なので注意。

うすい水よう液　こい水よう液

※それぞれに入れた金属の量などの条件はすべて同じ。

②金属のつぶを細かくする

金属のつぶが細かいほど、つぶが水よう液とふれる面積が大きくなるため反応速度が上がる。

③水よう液の温度を上げる

水よう液の温度が高いほど反応は速くなる。時間とともに反応ははげしくなるが、これは反応によって出る熱で水よう液の温度が高くなり、さらに反応が速くなるからだ。

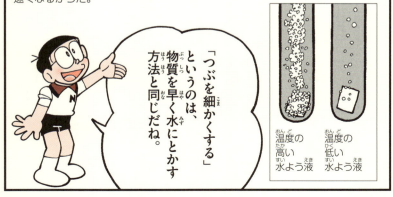

「つぶを細かくする」というのは、物質を早く水にとかす方法と同じだね。

温度の高い水よう液　温度の低い水よう液

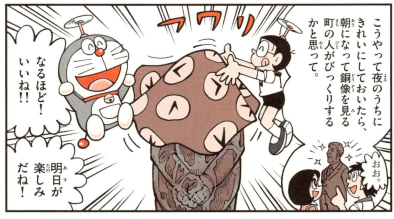

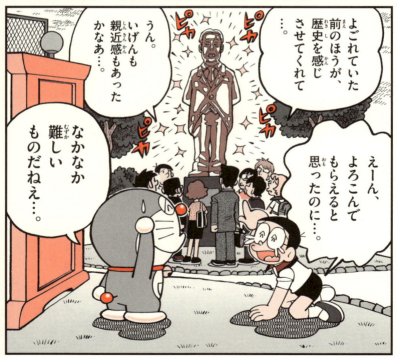

練習しよう 〈答えは190ページにあります〉

水よう液と金属

下の図のように、試験管にとったうすい塩酸、うすい水酸化ナトリウム水よう液にそれぞれ、アルミニウム・鉄・銅の金属片を入れました。このことについてあとの問いに答えなさい。

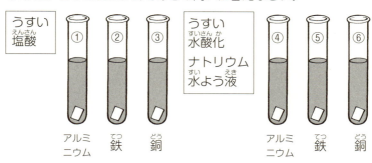

(1) ①～③の塩酸が入っている試験管で、あわが発生するのはどれですか。すべて選び、番号で答えなさい。

(2) (1)で発生したあわは何ですか。物質名で答えなさい。

(3) ④～⑥の水酸化ナトリウム水よう液が入っている試験管で、あわが発生するのはどれですか。すべて選び、番号で答えなさい。

(4) (3)で発生したあわは何ですか。物質名で答えなさい。

(162ページの答え) (1)①－⑦ ②－⑦ ③－⑨ ④－⑨(BTB液の色が緑色になったことから、塩酸を32cm³加えたときに完全に中和して中性になることがわかる。それよりも少ない塩酸を加えたA、Bのビーカーは水酸化ナトリウム水よう液のほうが多いのでアルカリ性になる。D、Eのビーカーは塩酸のほうが多いので酸性になる) (2)ビーカーB－⑤、⑤ ビーカーD＝⑥(ビーカーBは塩酸に対して水酸化ナトリウム水よう液のほうが多いので、中和してできる塩化ナトリウム(食塩)と水酸化ナトリウムがとけていることになるので、水を蒸発させるとこの2つの結しょうが出てくる。いっぽう、ビーカーDは塩酸のほうが多いので、中和してできる塩化ナトリウムと塩化水素がとけているが、加熱すると塩化水素は気体として空気中に出て行くので、水が蒸発すると塩化ナトリウムだけが残る)

175

<ひと口メモ>アンモニアってどんな気体？

これまで酸素などいろいろな気体をしょうかいしてきたが、アンモニアも特ちょうある気体。その性質や発生方法などを見ていこう。

性質1　無色とうめいな気体で鼻をつく特有のにおいがある。

アンモニアの水よう液、アンモニア水からはアンモニアが蒸発する。においをかぐときはあおぐようにしてかぐ。

性質2　空気よりも軽い

もっとも軽い水素（空気の約0.07倍）ほどではないが、空気の約0.6倍と軽い。

性質3　水にとてもよくとける

同じ気体で水に少しとける二酸化炭素よりもはるかによくとける（68ページの表参照）ので、下の図のようにして発生させる。

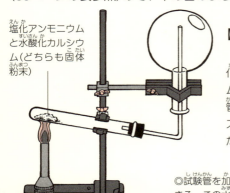

塩化アンモニウムと水酸化カルシウム（どちらも固体粉末）

【アンモニアの発生方法】

左の図のような装置を作り、塩化アンモニウムと水酸化カルシウムをまぜて試験管に入れる。試験管を加熱するとアンモニアがガラス管から出てくるのを、逆にした丸底フラスコで集める。

◎試験管を加熱するとアンモニアとともに水もできる。この水が試験管の加熱している部分に流れると試験管が割れるおそれがあるので（91ページ参照）、試験管の口を少し下げるようにする。

↰の体積の25倍の水素が発生するので、6㎤の塩酸を加えると、150㎤の水素が発生する。6×25=150）　(2)塩酸にとけている気体＝㋐　発生する気体＝㋒　(3)㋑・㋒

176

水によくとけるので、発生するアンモニアを集めるさいには水上置かん（110ページ）ができず、空気よりも軽いので下方置かん（124ページ）も使えない。右ページ下の図のように「上方置かん」で集める。

性質4　水よう液はアルカリ性

水にとけるとアルカリ性を示す。また水にとけやすい性質でもあることから、下のような実験ができる。

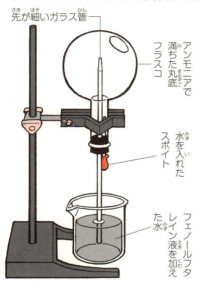

先が細いガラス管
アンモニアで満ちた丸底フラスコ
水を入れたスポイト
フェノールフタレイン液を加えた水

【アンモニアのふん水】

①かわいた丸底フラスコをアンモニアで満たし、左の図のような装置を用意する。②ビーカーに入れた水に装置のガラス管をさしこみ、フェノールフタレイン液（139ページ参照）をビーカーの水に加える。水は中性なので、フェノールフタレイン液を加えても無色とうめいのままだ。③スポイトの水をフラスコ内に注ぐ。するとこの水に、水にとけやすいフラスコ内のアンモニアがとける。これによってフラスコ内の気圧が下がり、ガラス管がビーカーの水を吸い上げ、ふん水をふきあげる。

④吸い上げられたビーカーの水にもフラスコ内のアンモニアがとけるので、アルカリ性の水よう液になる。ビーカーの水にふくまれるフェノールフタレイン液は、アルカリ性では赤色に変色するので、右の図のようにふん水は赤色になる。

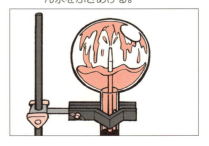

177　（190ページの答え）　（1）①150　②250（表より、アルミニウム0.3gのとき水素は250cm³まで発生し、塩酸は10cm³でちょうど反応する。塩酸が10cm³になるまでは、塩酸

発生する気体の量

〈問題〉アルミニウム0.1ｇにうすい塩酸を加えて水素を発生させました。加えた塩酸の体積と発生した水素の体積の関係を表にすると下のようになりました。Ⓐ、Ⓑに入る数字を答えなさい。

アルミニウムの重さ(g)	0.1	0.1	0.1	0.1	0.1	0.1
塩酸の体積(c㎥)	5	10	15	20	25	30
水素の体積(c㎥)	60	Ⓐ	180	240	240	Ⓑ

このあいだ勉強した、水よう液と金属の反応の問題じゃないか！

でも塩酸をどれだけ加えたら水素がどれだけ発生するかとか、ちんぷんかんぷんなんだも〜ん！

もうやめる。テストも0点でいい…。

あきらめるな！

「ケッシンコンクリート」。

のめば決心をつらぬきとおせる。

このひと包みを、決心しながらのむんだ。

ちゃんとわかるまでは机をはなれない！

よし、これできみの決心はしっかり固まる。

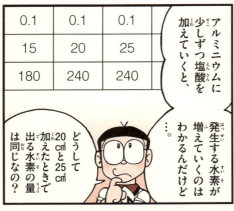

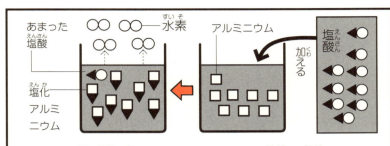

↑20cm³よりも多く塩酸を加えても、アルミニウムがすべて反応して塩酸があまり、20cm³塩酸を加えたときと発生する水素の量は同じになってしまう。

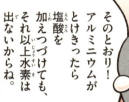

そうか！20cm³より多く塩酸を加えると、アルミニウムが全部とけてなくなって、塩酸があまるのか！！

そのとおり！アルミニウムがとけきったら塩酸を加えつづけても、それ以上水素は出ないからね。

アルミニウムの重さ(g)	0.1	0.1	0.1
塩酸の体積(cm³)	20	25	30
水素の体積(cm³)	240	240	ピーⒷ

ということは、問題のⒷに入る数字は240だ！

まずは問題1つクリアだね！

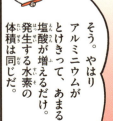

25cm³の塩酸を加えたときも塩酸のほうが多いじょうたいだから、30cm³の塩酸を加えても…。

そう。やはりアルミニウムがとけきって、あまる塩酸が増えるだけ。発生する水素の体積は同じだ。

181

アルミニウムの重さ(g)	0.1	0.1	0.1	0.1	0.1	0.1
塩酸(　　　)	5	10	15	20	25	30
	60	Ⓐ	180	240	240	Ⓑ

さあ、残り1問も解いてしまおう。

このⒶの水素の量は、さっきとちがって、増えているとちゅうのようだけど…。

182

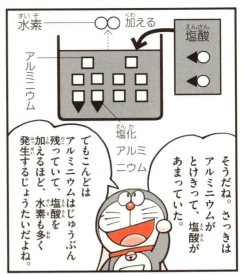

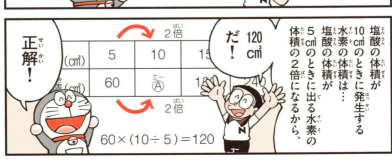

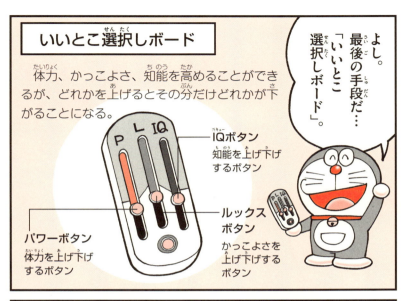

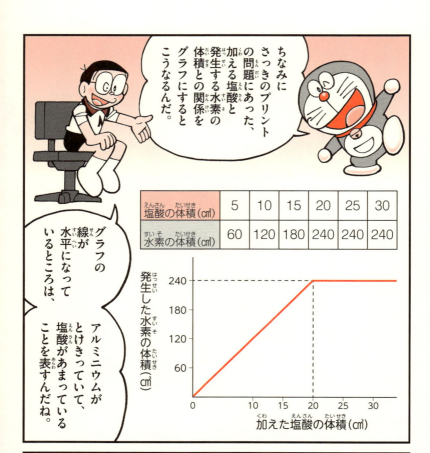

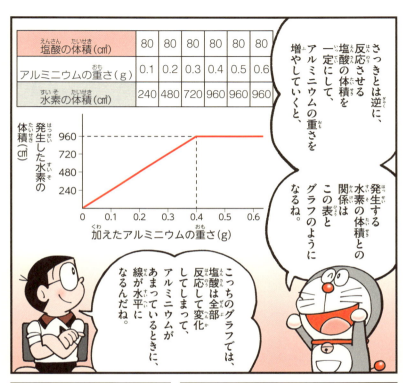

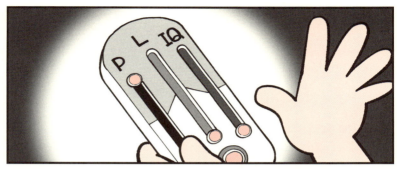

さすがのび太。

受けてもどうせ0点だから休むんじゃないの？

1時間目がテストだというのにまたちこくか！

野比ー！野比ー！

うお〜！！元気もりもりだぁ〜！！

でも私はだれ？どこに向かっているんでしょうか？

のび太くん、テストがんばっているかなぁ？

練習しよう 〈答えは176〜177ページにあります〉

発生する気体の量

アルミニウム0.3gをあるこさの塩酸にとかす実験をしました。塩酸の体積をいろいろ変えたとき、発生する気体の体積は下の表のようになりました。これについて、あとの問いに答えなさい。

塩酸の体積(cm³)	2	4	6	8	10	12	14	16
発生する気体の体積(cm³)	50	100	①	200	250	250	②	250

(1)表の①、②にあてはまる数値を答えなさい。

(2)塩酸にとけている気体と発生する気体はそれぞれ何ですか。下の⑦〜⑦より選び記号で答えなさい。

⑦酸素　④塩化水素　⑦水素　①二酸化炭素　⑦アンモニア

(3)この実験で発生する気体の性質を、下のあ〜おより2つ選び記号で答えなさい。

あものが燃えるのを助ける　○水にほとんどとけない　⑤燃えると水ができる　え空気より重い　お水にとてもよくとける

(175ページの答え)　(1)①②　(2)水素　(3)④　(4)水素

190

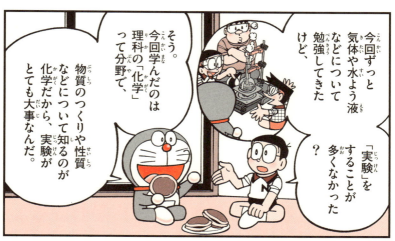

- ■キャラクター原作／藤子・F・不二雄
- ■まんが監修／藤子プロ
- ■監修／浜学園
- ■カバーデザイン／横山和忠
- ■カバー絵・まんが／ひじおか誠
- ■もくじ・図版デザイン／阿部義記
- ■校閲／吉田悦子
- ■DTP／株式会社 昭和ブライト
- ■編集担当／藤田健一（小学館）

© 藤子プロ

ドラえもんの学習シリーズ
ドラえもんの理科おもしろ攻略
物質（空気・水・水よう液）がわかる

2024年10月28日 初版第1刷発行	発行者　野村敦司
	発行所　株式会社 小学館

東京都千代田区一ツ橋2-3-1 〒101-8001
電話・編集／東京　03（3230）5406
販売／東京　03（5281）3555

印刷所　株式会社昭和ブライト、TOPPANクロレ株式会社
製本所　株式会社若林製本工場

小学館webアンケートに感想をお寄せください。
毎月100名様 図書カードNEXTプレゼント！

読者アンケートにお答えいただいた方の中から抽選で毎月100名様に図書カードNEXT500円分を贈呈いたします。
応募はこちらから！▶▶▶▶▶▶▶▶▶▶▶▶
http://e.sgkm.jp/253751
（物質（空気・水・水よう液）がわかる）

© 小学館　2024　Printed in Japan

- ■造本には十分注意しておりますが、印刷、製本など製造上の不備がございましたら「制作局コールセンター」（フリーダイヤル0120-336-340）にご連絡ください。（電話受付は、土・日・祝休日を除く9:30～17:30）
- ■本書の無断での複写（コピー）、上演、放送等の二次利用、翻案等は、著作権法上の例外を除き禁じられています。
- ■本書の電子データ化等の無断複製は著作権法上での例外を除き禁じられています。代行業者等の第三者による本書の電子的複製も認められておりません。

ISBN978-4-09-253751-4